10kV一体化柱上变台和配电一二次成套设备典型设计及检测规范

国家电网公司运维检修部　组编

内 容 提 要

推进10kV一体化柱上变压器台建设、提高配电一二次设备的标准化、集成化水平，是国家电网公司全面建设具有安全可靠、坚固耐用、结构合理、技术先进、经济高效现代配电网的重要举措。本书主要包括10kV一体化柱上变压器台典型设计和检测规范、配电一二次设备成套化技术和一体化专业检测方案两个部分内容，可供电力系统各设计单位，以及从事电力建设工程规划、管理、施工、安装、生产运行等专业人员使用。

图书在版编目(CIP)数据

10kV一体化柱上变台和配电一二次成套设备典型设计及检测规范/国家电网公司运维检修部组编．—北京：中国电力出版社，2016.9（2019.11重印）

ISBN 978-7-5123-9827-6

Ⅰ.①1… Ⅱ.①国… Ⅲ.①配电变压器—设计规范 ②二次设备—设计规范 Ⅳ.①TM421-65 ②TM645.2-65

中国版本图书馆CIP数据核字(2016)第231104号

10kV一体化柱上变台和配电一二次成套设备典型设计及检测规范

中国电力出版社出版、发行　　北京博图彩色印刷有限公司印刷　　各地新华书店经售

（北京市东城区北京站西街19号　100005　http://www.cepp.sgcc.com.cn）

2016年9月第一版　　2019年11月北京第四次印刷　　印数2001—3000册

880毫米×1230毫米　横16开本　6.75印张　　226千字　　定价**90.00**元

《10kV一体化柱上变台和配电一二次成套设备典型设计及检测规范》编委会

主　编　王风雷

副主编　张薛鸿

编　写　吕　军　陈俊章　宁　昕　刘日亮
王庆杰　张　波　史常凯　王金丽
韩筛根　范闻博　王　利　李玉凌
吴　燕　时　月　丁永生　唐明群

前　言

常规 10kV 柱上式变压器台物料多，安装时间长、精度不高、运维工作量大。实施成套化招标后，显著提高了工作效率，但也存在不同物料间匹配度不高，整体可靠性差等问题。配电网一次开关与二次配电终端由于分体设计安装，接口标准化程度不高、互换性较差，同时设备质量分体检测方式无法确保集成后产品性能，急需统筹设计配电网一二次设备的成套化技术条件与检测要求。

为解决上述问题，国家电网公司运维检修部组织启动了 10kV 一体化柱上变压器台、配电设备一二次融合技术研究相关工作，提出了技术方案和检测规范。在 10kV 一体化柱上变压器台设计方面，将高压模块、变压器模块、低压配电模块及附件组合为一体式结构的柱上变压器台，综合考虑一体化变压器台成套设备的可靠性、建设成本及运维习惯等因素，提出了纵向、横向两种方式，明确了结构设计、技术要求、检测规范等。在配电一二次设备成套化典型设计与检测方面，按照总体设计标准化、功能模块独立化、设备互换灵活化的思路，将配电开关、配电终端、互感器、一二次连接电缆等组合为一二次成套化设备，综合考虑成套设备的可靠性、运维难度、各部件的标准化与互换性等，明确了一二次成套设备的功能要求、技术要求与检测要求，提出了 10kV 柱上开关一二次成套设备、10kV 环网箱一二次成套设备典型设计方案和检测规范。

本书编写过程中得到了中国电力科学研究院、国网冀北电力有限公司、国网山东省电力公司、国网上海市电力公司、国网江苏省电力公司、国网浙江省电力公司、国网湖北省电力公司、国网湖南省电力公司、国网辽宁省电力有限公司等省（自治区、直辖市）电力公司，以及南瑞集团、许继集团、平高集团、置信电气、其厚电气、四方继保、威胜集团、扬州新概念、北京瑞奇恩、南京新联等生产制造企业的大力支持和帮助，在此表示感谢!

因编者水平有限，书中难免存在不足之处，殷切期望读者提出宝贵意见，以便修改完善。

编　者

2016 年 9 月

目　录

第一部分　10kV一体化柱上变压器台典型设计和检测规范

1　10kV一体化柱上变压器台设计总体说明 …… 3
1.1　概述 …… 3
1.2　术语和定义 …… 3
1.3　铭牌及型号含义 …… 4
1.4　设计原则 …… 4
1.5　设计依据 …… 5
1.6　技术要求 …… 6
1.7　电气一次部分 …… 6
2　10kV纵向一体化柱上变压器台典型设计方案（YZA-1） …… 8
2.1　设计说明 …… 8
2.2　电力系统部分 …… 8
2.3　电气一次部分 …… 9
2.4　其他 …… 10
2.5　主要设备及材料清册 …… 11
2.6　使用说明 …… 12
2.7　杆型图及物料清单 …… 12
3　10kV横向一体化柱上变压器台典型设计方案（YZA-2） …… 31
3.1　设计说明 …… 31
3.2　电力系统部分 …… 31
3.3　电气一次部分 …… 32
3.4　其他 …… 33
3.5　主要设备及材料清册 …… 34
3.6　使用说明 …… 34
3.7　杆型图及物料清单 …… 35
4　检测技术规范 …… 50
4.1　纵向一体化柱上变压器台检测技术规范 …… 50
4.2　横向一体化柱上变压器台检测技术规范 …… 54
4.3　10kV一体化柱上变压器台专业检测方案 …… 58

第二部分　配电一二次设备成套化技术和一体化专业检测方案

配电一二次设备成套化技术方案 …… 61
1　概述 …… 61
1.1　总体思路 …… 61
1.2　总体目标 …… 61
2　柱上开关一二次融合技术方案 …… 62
2.1　一二次融合总体要求 …… 62

2.2 一二次融合功能要求 …… 62
2.3 一二次融合技术要求 …… 63
2.4 抗凝露方案 …… 65
2.5 行程开关改进方案 …… 66
3 环网柜一二次融合技术方案 …… 67
3.1 一二次融合总体要求 …… 67
3.2 一二次融合技术要求 …… 67
4 配电线损采集模块技术要求 …… 73
4.1 总体要求 …… 73
4.2 规格要求 …… 73
4.3 接口及结构要求 …… 74
一二次融合成套配电设备一体化专业检测方案 …… 78
1 检测对象 …… 78
2 检测项目及要求 …… 78
2.1 配电一二次成套设备一体化专业检测项目 …… 78
2.2 配电一二次成套设备一体化专业检测要求 …… 78
附录 A 国家电网公司 2016 年 10kV 一体化柱上变压器台专业检测大纲 …… 79
附录 B 配电一二次设备连接件电气引脚定义 …… 81
附录 C 一二次融合成套柱上开关及环网箱一体化专业检测大纲 …… 92

第一部分

10kV 一体化柱上变压器台典型设计和检测规范

1 10kV 一体化柱上变压器台设计总体说明

1.1 概述

推进 10kV 一体化柱上变压器台（简称一体化变台）建设是国家电网公司全面落实科学发展观，建设“资源节约型、环境友好型”社会，大力提高集成创新能力的重要体现；是全面建设具有安全可靠、坚固耐用、结构合理、技术先进、经济高效现代配电网的重要举措。

国家电网公司 10kV 一体化柱上变压器台典型设计和检测规范是对《国家电网公司配电网工程典型设计》的进一步深化与提升，有利于加快促进配电网标准化建设。推广应用 10kV 一体化柱上变压器台典型设计对提升配电台区的标准化、集成化和智能化水平，满足配网装备“成套化→一体化→智能化”的发展趋势，提高配电网工程质量、提升工作效率等具有非常重要的意义。

1.1.1 典型设计内容

国家电网公司 10kV 一体化柱上变压器台典型设计和检测规范主要包括三部分内容：①纵向一体化变台典型设计方案；②横向一体化变台典型设计方案；③一体化变台检测技术规范。其中，典型设计方案分别包含正装和侧装两种安装方式。

1.1.2 典型设计的目的

配电台区量大面广，供电企业配电网建设运行人员短缺，配电台区建设改造与运维工作量大。常规 10kV 配电台区包括配电变压器、跌落式熔断器、避雷器、综合配电箱、铁附件等多种物料，安装工期长、精度不高，运行维护工作量大。

编制一体化变压器台典型设计的目的是：统一建设标准，统一设备规范；提高集成化程度，实现成套化定制；简化设备招标，方便现场施工；提高工作效率，降低建设和运维成本。

1.1.3 典型设计的原则

按照国家电网公司配电网“四个一”标准化建设改造要求，满足智能配电网建设和发展的需求，编制 10kV 一体化柱上变压器台典型设计和检测规范的原则：安全可靠、坚固耐用、自主创新、先进适用、标准统一、提高效率、注重环保、节约资源，做到规范性、可靠性、先进性、经济性的协调统一。

（1）规范性：典型设计方案统一，建设标准规范。

（2）可靠性：以实现坚固耐用为目标，保证模块设计及组合方案安全可靠。

（3）先进性：推广应用成熟适用的新技术、新设备和新材料，典型设计各项技术经济指标先进。

（4）经济性：综合考虑工程初期投资与长期运行费用，追求工程寿命期内最优的企业经济效益。

1.2 术语和定义

1.2.1 10kV 一体化柱上变压器台

10kV 一体化柱上变压器台是指将高压模块、变压器模块、低压配电模块及附件组合为一体式结构的柱上变压器台。

注：高压模块是指将高压绝缘导线、跌落式熔断器或封闭式熔断器、避雷器、高压电缆及附件连接在一起的单元。

1.2.2 纵向一体化柱上变压器台

纵向一体化柱上变压器台是指将低压配电模块通过悬挂方式垂直固定在变压器模块下方，组合为一体式结构的柱上变压器台。

1.2.3　横向一体化柱上变压器台

横向一体化柱上变压器台是指将低压配电模块与变压器模块前后固定为一体式结构的柱上变压器台。低压配电模块与变压器模块之间留有散热通道。

1.2.4　纵向一体化柱上变压器台成套装置

纵向一体化柱上变压器台成套装置是指由变压器、预制式连接母线及通过悬挂方式固定在变压器模块下方的低压配电模块组合为一体式结构的单元。

1.2.5　横向一体化柱上变压器台成套装置

横向一体化柱上变压器台成套装置是指由变压器模块及固定在变压器模块正前方的低压配电模块组合为一体式结构的单元。

1.3　铭牌及型号含义

1.3.1　铭牌

铭牌尺寸：150mm×92mm，铭牌材质：304 不锈钢，示意图见图 1-1。

10kV 纵向一体化变台铭牌安装在与变压器高压同一侧的低压综合配电箱右侧门的中间位置；综合配电箱铭牌安装在变台铭牌正下方的中间位置，距箱门下底边 2cm。

10kV 横向一体化变台铭牌安装在低压综合配电箱右侧门的中间位置；综合配电箱的铭牌安装在左门下侧，距箱门下底边 2cm。

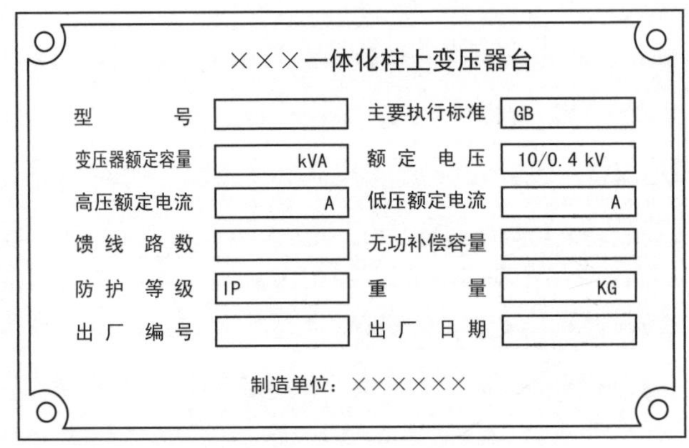

图 1-1　铭牌示意图

1.3.2　型号含义

10kV 一体化柱上变压器台的设备型号与含义参照 JB/T 3837 规定的方法编制，示例：YZ□—□—10/0.4—□—□，具体型号含义见表 1-1。

例 1　YZZX—SBH15—10/0.4—200—ZX：表示纵向、采用箔绕结构非晶合金铁心、额定电压为 10kV/0.4kV、容量为 200kVA、正装绝缘导线连接的 10kV 一体化柱上变压器台。

例 2　YZHX—S13R—10/0.4—100—CL：表示横向、采用 S13 型立体卷结构硅钢铁心、额定电压为 10kV/0.4kV、容量为 100kVA、侧装电缆连接的 10kV 一体化柱上变压器台。

表 1-1　　型号含义

位置	代号	含　义
第一位	YZ	一体化柱上变压器台
第二位	□	结构类型：ZX：纵向，HX：横向
第三位	□	变压器类型：S13、SH15、S13R
第四位	10/0.4	额定电压：高压侧：10kV，低压侧：0.4kV
第五位	□	变压器容量：50kVA、100kVA、200kVA、400kVA
第六位	□	安装方式：ZL：正装电缆，CL：侧装电缆，ZX：正装绝缘导线

1.4　设计原则

1.4.1　设计对象

设计对象为国家电网公司系统内的 10kV 一体化柱上变压器台。

1.4.2　运行管理方式

10kV 一体化柱上变压器台的运行管理方式按远抄方式进行设计。

1.4.3　设计范围

10kV 一体化柱上变压器台典型设计的设计范围是从高压引下线至低压馈线。

1.4.4　设计深度

10kV 一体化柱上变压器台典型设计按照生产制造及现场施工的深度要求开展工作。

1.4.5 使用条件

1.4.5.1 正常使用条件

海拔高度：≤1000m；

年最高气温：+40℃（24h 平均值不超过 35℃）；

年最低气温：−25℃；

年平均气温：15℃；

环境湿度：25℃时，空气相对湿度不超过 95%，月平均不超过 90%；

污秽等级：Ⅳ级；

爬电比距：≥31mm/kV；

地震烈度：≤8 度，水平加速度 0.15g；

风速：不超过 34m/s；

安装地点：户外；

倾斜度：不大于 3°；

日照强度：$0.1W/cm^2$。

1.4.5.2 特殊使用条件

凡超出 1.4.5.1 规定的正常使用条件，用户应在订货时明确提出并与设备制造商签订专门的协议，双方按约定的协议要求执行。

1.5 设计依据

1.5.1 设计依据性文件

国家电网公司《关于印发〈国家电网公司十八项电网重大反事故措施〉（修订版）的通知》（国家电网生〔2012〕352 号）

国家电网公司《关于印发〈国家电网公司电力安全工作规程（配电部分）（试行）〉的通知》（国家电网安质〔2014〕265 号）

《国家电网公司配电网工程典型设计 10kV 配电变台分册》（2016 年版）

1.5.2 主要设计标准、规程规范

下列文件对于本文件的应用是必不可少的，但不局限于下列文件。凡是注日期的引用文件，仅注日期的版本适用于本文件。凡是不注日期的引用文件，其最新版本适用于本文件。

GB 1094.1—2013 电力变压器 第 1 部分：总则

GB 1094.2—2013 电力变压器 第 2 部分：液浸式变压器的温升

GB 1094.3—2003 电力变压器 第 3 部分：绝缘水平 绝缘试验和外绝缘空气间隙

GB 1094.5—2008 电力变压器 第 5 部分：承受短路的能力

GB/T 1094.7—2008 电力变压器 第 7 部分：油浸式电力变压器负载导则

GB/T 1094.10—2003 电力变压器 第 10 部分：声级测定

GB/T 3098.1—2010 紧固件机械性能 螺栓、螺钉和螺柱

GB 4208—2008 外壳防护等级（IP 代码）

GB/T 4623—2006 环形钢筋混凝土电杆

GB/T 6451—2015 油浸式电力变压器技术参数和要求

GB 7251.1—2013 低压成套开关设备和控制设备 第 1 部分：总则

GB/T 11022—2011 高压开关设备和控制设备标准的共用技术要求

GB 11032—2010 交流无间隙金属氧化物避雷器

GB/T 12706.2—2008 额定电压 6kV（U_m=7.2kV）到 30kV（U_m=36kV）电缆

GB/T 12706.4—2008 额定电压 6kV（U_m=7.2kV）到 35kV（U_m=40.5kV）电力电缆附件试验要求

GB/T 15166.2—2008 高压交流熔断器 第 2 部分：限流熔断器

GB/T 15166.3—2008 高压交流熔断器 第 3 部分：喷射熔断器

GB/T 15576—2008 低压成套无功功率补偿装置

GB 17467—2010 高压/低压预装式变电站

GB 20052—2013 三相配电变压器能效限定值及能效等级

GB/T 20138—2006 电器设备外壳对外界机械碰撞的防护等级（IK 代码）

GB/T 25438—2010 三相油浸式立体卷铁心配电变压器技术参数和要求

GB/T 25446—2010 油浸式非晶合金铁心配电变压器技术参数和要求

GB/T 29312—2012 低压无功功率补偿投切装置

GB/T 50064—2014 交流电气装置的过电压保护和绝缘配合设计规范

GB/T 50065—2011 交流电气装置的接地设计规范

GB 50149—2010 电气装置安装工程 母线装置施工及验收规范

GB 50173—2014 电气装置安装工程 66kV 及以下架空线路施工及验收规范

JB/T 501—2006　电力变压器试验导则

JB/T 3837—2010　变压器类产品型号编制方法

Q/GDW 11020—2013　农村低压电网剩余电流工作保护器配置导则

1.6　技术要求

1.6.1　编号原则

（1）方案图纸编号原则。具体方案图纸编号原则按照表 1-2 的规定。

表 1-2　　方案图纸编号原则

类　型	代　号	位置	备　注
一体化	Y	第一位	
柱上变压器台	Z	第二位	
户外	A	第三位	
组合方式	1	第四位	纵向
	2		横向

（2）图纸编号原则。图纸编号采用方案编号后缀 D1（电气）和顺序编号，如 YZA-1-D1-01。图纸排序按照电气主接线图、杆型图、物料清单、接地体加工图、一体化柱上变压器台成套装置外形图、一体化柱上变压器台成套装置综合配电箱布置加工图。图纸编号和编排顺序参考表 1-3 进行编制。

表 1-3　　图纸编号和编排顺序

图　纸　名　称	图纸编号
电气主接线图	YZA-1-D1-01
杆型图	YZA-1-D1-02
物料清单	YZA-1-D1-03
接地体加工图	YZA-1-D1-04
一体化柱上变压器台成套装置外形图	YZA-1-D1-05
一体化柱上变压器台成套装置综合配电箱布置加工图	YZA-1-D1-06

1.6.2　分类原则

一体化柱上变压器台的设计应综合考虑安装简便、操作检修方便、坚固耐用、节省投资等要求，按照主要设备和安装要求不同分为两种方案，分别为 YZA-1 和 YZA-2，一体化柱上变压器台典型设计技术方案组合见表 1-4。

表 1-4　　一体化柱上变压器台典型设计技术方案组合

方案分类	安装方式	变压器模块	主要设备安装要求	无功补偿
YZA-1	双杆等高正装	100kVA（50kVA）	10kV 侧采用架空绝缘导线引下，综合配电箱通过悬挂方式垂直固定在变压器模块下方，安装在台架上，馈线采用架空绝缘导线或电缆引出	无
		400kVA（200kVA）		无功补偿单元按变压器模块容量的30%配置
	双杆等高侧装	100kVA（50kVA）	10kV 侧采用电缆引下，综合配电箱通过悬挂方式垂直固定在变压器模块下方，安装在台架上，馈线采用架空绝缘导线或电缆引出	无
		400kVA（200kVA）		无功补偿单元按变压器模块容量的30%配置
YZA-2	双杆等高正装	100kVA（50kVA）	10kV 侧采用电缆引下，综合配电箱与变压器模块前后固定，安装在台架上，馈线采用架空绝缘导线或电缆引出	无
		400kVA（200kVA）		无功补偿单元按变压器模块容量的30%配置
	双杆等高侧装	100kVA（50kVA）		无
		400kVA（200kVA）		无功补偿单元按变压器模块容量的30%配置

1.7　电气一次部分

1.7.1　电气主接线

一体化柱上变压器台电气主接线采用单母线接线、2 回馈线。0.4kV 进线选择熔断器式隔离开关，馈线选用断路器。

1.7.2　主要设备选择

一体化柱上变压器台电气主接线应根据供电负荷、供电性质、设备特点等条件确定，电气主接线应综合考虑供电可靠性、运行灵活性、操作检修方便、节省投资、便于过渡和扩建等要求。

（1）变压器模块选择。

1）10kV 柱上变压器模块容量选择 50kVA、100kVA、200kVA、

400kVA 四种规格。

2）变压器模块应选用不低于 GB 20052—2013 中二级能效等级、全密封、全绝缘油浸式变压器。

3）变压器模块高压分接范围为±2×2.5%或±5%。

4）变压器模块联接组别选用 Dyn11、Yyn0。

5）距离变压器台 0.3m 处测量的变压器模块噪声（声功率级）：非晶合金油浸式变压器模块不大于 58dB，硅钢片油浸式变压器模块不大于 54dB。

（2）低压配电模块。

综合配电箱空间应满足 1 回进线、2 回馈线、计量、无功补偿（变压器模块容量 100kVA 及以下不配置）、智能配变终端等设备的安装要求，综合配电箱采用绝缘母线系统结构，外壳选用 304 不锈钢材料，厚度不小于 2mm。

（3）10kV 选用跌落式熔断器或封闭型熔断器。

（4）熔断器短路电流水平按 8/12.5kA 考虑，其他 10kV 设备短路电流水平均按 20kA 考虑。

（5）避雷器选用支柱式避雷器。

（6）低压侧进线选用熔断器式隔离开关。馈线宜采用断路器，其中 50kVA 综合配电箱馈线开关额定极限分断电流不小于 10kA，100kVA、200kVA 综合配电箱馈线开关额定极限分断电流不小于 20kA，400kVA 综合配电箱馈线开关额定极限分断电流不小于 35kA。

2 10kV纵向一体化柱上变压器台典型设计方案（YZA-1）

2.1 设计说明

2.1.1 概述

本典型设计方案编号为“YZA-1”，分为变压器模块正装和侧装2个子方案。

正装子方案编号为“YZA-1-ZX”，10kV侧采用架空绝缘线引下，综合配电箱通过悬挂方式垂直固定在变压器模块下方，安装在台架上，之间接线采用低压预制母线，馈线采用架空绝缘导线或电缆引出。

侧装子方案编号为“YZA-1-CL”，10kV侧采用电缆引下，综合配电箱通过悬挂方式垂直固定在变压器模块下方，安装在台架上，之间接线采用低压软母线，馈线采用架空绝缘导线或电缆引出。

2.1.2 适用范围

本设计方案适用于经济条件较好、人口密度相对较大的供电区域。

本设计方案为单回10kV线路，如果采用双回10kV线路，可根据实际情况作相应的调整。

2.1.3 方案技术条件

本设计方案根据“10kV一体化柱上变压器台典型设计总体说明”确定的预定条件开展设计，YZA-1典型设计方案技术条件见表2-1。

表2-1 10kV一体化柱上变压器台YZA-1典型设计方案技术条件表

序号	项目名称	内容
1	变压器模块	变压器模块应选用不低于GB 20052—2013中二级能效等级、全密封、全绝缘油浸式变压器，容量包括50kVA、100kVA、200kVA、400kVA四种规格
2	低压配电模块	综合配电箱空间应满足1回进线、2回馈线、计量、无功补偿（变压器模块容量100kVA及以下不配置）、智能配变终端等设备的安装要求，综合配电箱采用绝缘母线系统结构，外壳选用304不锈钢材料，厚度不低于2mm
3	主要设备型式	10kV选用跌落式熔断器或封闭型熔断器，熔断器短路电流水平按8/12.5kA考虑，其他10kV设备短路电流水平均按20kA考虑；0.4kV进线选用熔断器式隔离开关；馈线宜采用断路器，其中50kVA综合配电箱馈线开关额定极限分断电流不小于10kA，100kVA、200kVA综合配电箱馈线开关额定极限分断电流不小于20kA，400kVA综合配电箱馈线开关额定极限分断电流不小于35kA
4	防雷接地	10kV小电流接地系统接地电阻不大于4Ω，保护接地与工作接地汇集一点设置；当采用大电流接地系统时，保护接地和工作接地需分开设置。若保护接地与工作接地共用接地系统时，需结合工程实际情况，考虑土壤条件等因素进行校验。 变压器模块高压侧应安装避雷器，多雷区低压侧宜安装避雷器，避雷器应尽量靠近被保护设备，且连接引线尽可能短而直；接地体一般采用镀锌钢，腐蚀性高的地区宜采用铜包钢或者石墨；接地电阻、跨步电压和接触电压应满足有关规程要求

2.2 电力系统部分

2.2.1 本典设按照给定的变压器模块进行设计，在实际工程中，需要根据实际情况具体设计选择变压器模块容量。

2.2.2 熔断器短路电流水平按 8/12.5kA 考虑，其他 10kV 设备短路电流水平均按 20kA 考虑。

2.2.3 高压侧采用跌落式熔断器或封闭型熔断器，低压侧进线选择熔断器式隔离开关。馈线宜选用断路器，其中 50kVA 综合配电箱馈线开关额定极限分断电流不小于 10kA，100kVA、200kVA 综合配电箱馈线开关额定极限分断电流不小于 20kA，400kVA 综合配电箱馈线开关额定极限分断电流不小于 35kA。

2.3 电气一次部分

2.3.1 短路电流及主要电气设备、导体选择

（1）变压器模块。

型式：应选用不低于 GB 20052—2013 中二级能效等级、全密封、全绝缘油浸式变压器；

容量：50kVA、100kVA、200kVA、400kVA；

阻抗电压：$U_{k\%}=4$；

额定电压：10（10.5）±2×2.5％/0.4kV 或 10（10.5）±5％/0.4kV；

接线组别：Dyn11、Yyn0；

冷却方式：自冷式。

（2）10kV 侧选用跌落式熔断器或封闭型熔断器，10kV 避雷器采用支柱式避雷器。

（3）低压配电模块。

1）综合配电箱空间应满足 1 回进线、2 回馈线、计量、无功补偿（100kVA 及以下变压器模块不配置）、智能配变终端等设备的安装要求，其中，100kVA（50kVA）综合配电箱外形尺寸按照 1000mm×650mm×700mm（宽×深×高）进行设计，400kVA（200kVA）综合配电箱外形尺寸按照 1350mm×700mm×1200mm（宽×深×高）设计。综合配电箱采用绝缘母线系统结构，外壳选用 304 不锈钢材料，厚度不低于 2mm，并加装防凝露装置。综合配电箱的铰链和门锁应采用耐腐蚀材质，外壳的焊接与组装应牢固，焊缝应光洁均匀，无焊穿、裂纹、溅渣、气孔等现象。

综合配电箱前、后箱门应采用双层结构，折弯高度为 10mm，在两层钢板的中间铺装岩棉隔热层，厚度为 10mm；箱体左右两侧侧板内侧也应采用双层结构以增加散热通道，散热通道宽度与侧板同宽，增加的内侧板折弯高度为 8mm，散热通道底部最大限度均匀布置进气孔，进气孔应满足防护等级要求，散热通道顶部低于侧板顶部，距离为 8mm；箱体内应加装低噪音散热风扇，风扇由温控装置实现自动控制，安装风扇后不得影响其他设备运行和降低综合配电箱的防护等级。

2）根据柱上变压器台实际负荷状况，进行无功优化计算，合理分组与配置无功补偿容量。纵向一体化柱上变压器台按照以下原则进行无功补偿：50kVA、100kVA 台区产品不配置无功补偿；200kVA 台区产品按 60kvar 容量配置，配置方式为共补（5＋2×10＋20）kvar、分补（5＋10）kvar；400kVA 台区产品按 120kvar 容量配置，配置方式为共补（3×10＋3×20）kvar、分补（10＋20）kvar。实现无功需量自动投切，配置智能配变终端。

3）电气主接线采用单母线接线，馈线 2 回。进线选择熔断器式隔离开关。馈线宜选用断路器，并配置带通信接口的智能配变终端和 T1 级浪涌保护器，其中 50kVA 综合配电箱馈线开关额定极限分断电流不小于 10kA，100kVA、200kVA 综合配电箱馈线开关额定极限分断电流不小于 20kA，400kVA 综合配电箱馈线开关额定极限分断电流不小于 35kA。TT 系统的剩余电流动作保护器应根据 Q/GDW 11020—2013 要求进行安装，综合配电箱不锈钢外壳单独接地，接地螺母或螺栓直径不得小于 M12。

4）综合配电箱下沿距离地面不低于 2.0m，有防汛需求可适当加高。在农村、农牧区等 D、E 类供电区域，综合配电箱下沿离地高度可降低至 1.8m，变压器模块、避雷器、熔断器等安装高度应作同步调整，并宜在变压器台周围装设安全围栏。低压馈线可采用架空绝缘导线或电缆，由综合配电箱侧面馈线，电杆外侧敷设，低压馈线优先选择副杆，使用电缆卡抱固定；采用电缆入地敷设时，由综合配电箱底部馈线。

（4）10kV 一体化柱上变压器台 YZA-1 典型方案导体配置见表 2-2。

（5）纵向一体化柱上变压器台台架采用等高杆方式，电杆采用非预应力混凝土杆，杆高为 12m、15m 两种。

（6）线路金具按“节能型、绝缘型”原则选用。

（7）台区台架承重力按照 400kVA 纵向一体化柱上变压器台成套装置重量考虑设计。

表 2-2　　10kV 一体化柱上变压器台 YZA-1 典型方案导体配置表

方案编号	起始位置	终止位置	导体类别	导体型号		备注
YZA-1-ZX	10kV 主干线	10kV 跌落式熔断器上桩头	架空绝缘导线	JKLYJ-10-1×50mm²		导线连接跌落式熔断器上桩头的端子使用铜铝过渡接线端子
YZA-1-ZX	10kV 跌落式熔断器下桩头	10kV 避雷器上桩头	绝缘导线	JKTRYJ-10/35mm²		避雷器接地线采用 BV35 布电线
	10kV 避雷器下桩头	变压器模块高压桩头	绝缘导线	JKTRYJ-10/35mm²		
	变压器模块低压桩头	综合配电箱进线桩头	低压预制母线	50kVA	截面积不小于 50mm²	
				100kVA	截面积不小于 90mm²	
				200kVA	截面积不小于 150mm²	
				400kVA	截面积不小于 300mm²	
YZA-1-CL	10kV 主干线	10kV 跌落式熔断器上桩头	架空绝缘导线	JKLYJ-10-1×50mm²		导线连接跌落式熔断器上桩头的端子使用铜铝过渡接线端子
	10kV 跌落式熔断器下桩头	10kV 避雷器上桩头	绝缘导线	JKTRYJ-10/35mm²		避雷器接地线采用 BV35 布电线
	10kV 避雷器下桩头	变压器模块高压桩头	高压软电缆	截面积不小于 35mm²		
	变压器模块低压桩头	综合配电箱进线桩头	低压软母线	50kVA	截面积不小于 70mm²	
				100kVA	截面积不小于 70mm²	
				200kVA	截面积不小于 150mm²	
				400kVA	截面积不小于 300mm²	

2.3.2　基础

方案中所有混凝土杆的埋深及底盘的规格均按预定条件选定，若土质与设计条件差别较大可根据实际情况作适当调整。

2.3.3　防雷、接地及过电压保护

交流电气装置的接地应符合 GB/T 50065—2011 要求。电气装置过电压保护应满足 GB/T 50064—2014 要求。

（1）采用支柱式避雷器进行过电压保护，支柱式避雷器按 GB 11032—2010 中的规定进行选择，设备绝缘水平按国家标准要求执行。

（2）变压器模块均装设支柱式避雷器，并应尽量靠近变压器，其接地引下线应与变压器二次侧中性点及变压器的金属外壳相连接。在多雷区宜在变压器二次侧装设避雷器，避雷器应尽量靠近被保护设备，连接引线尽可能短而直。一体化柱上变压器台高压侧应安装避雷器，方案中采用支柱式避雷器。

（3）中性点直接接地的低压绝缘零线，应在电源点接地，TN－C 系统在干线和分支线的终端处，应将零线重复接地，且接地点不应少于三处；TT 系统的剩余电流动作保护器应根据 Q/GDW 11020—2013 要求进行安装，综合配电箱外壳单独接地，接地螺母或螺栓直径不得小于 M12，并有明显的接地标志。接地体敷设成围绕变压器的闭合环形，设 2 根及以上垂直接地极，接地体的埋深不应小于 0.6m，且不应接近煤气管道及输水管道。接地线与杆上需接地的部件必须接触良好。

（4）综合配电箱防雷采用 T1 级浪涌保护器，壳体、浪涌保护器及避雷器应接地，接地引线与接地网可靠连接。

（5）纵向一体化柱上变压器台设置水平和垂直接地的复合接地网。接地体一般采用镀锌钢，腐蚀性高的地区宜采用铜包钢或者石墨，接地电阻、跨步电压和接触电压应满足有关规程要求。考虑防盗要求接地极汇合点设置在主杆 3.0m 处，分别与避雷器接地、变压器模块中性点接地、变压器模块外壳接地和综合配电箱外壳进行有效连接。综合配电箱外壳接地端口留在箱体上部，综合配电箱内部中需要接地的电器元件及金属部件等均应有效接地。

（6）纵向一体化柱上变压器台成套装置的接地连续性应满足 GB 17467—2010 的要求，内部任一可能接地的点到一体化柱上变压器台的主接地点在 30A（DC）电流条件下试验，电压降应不大于 3V。

2.4　其他

（1）标志标识。

在台架两侧电杆上安装“禁止攀登，高压危险”警示牌，尺寸为 300mm×240mm，禁止标志牌长方形衬底色为白色，带斜杠的圆边框为红色，标志符号为黑色，辅助标志为红底白字、黑体字，字号根据标志牌尺寸、字数调整；在台架正面变压器托担中央安装变压器命名牌，命名牌尺寸为 300mm×

240mm（不带框），白底红色黑体字，字号根据标志牌尺寸、字数调整；安装上沿与变压器托担上沿对齐，并用钢带固定在托担上；标志标识牌、设备铭牌及整体设备任何位置不得喷涂国家电网公司的标志。

（2）设备外观颜色。

纵向一体化柱上变压器台变压器模块外观颜色采用海灰 B05，综合配电箱外表面壳喷塑海灰 B05，涂层厚度不低于 50μm，热镀锌支架不再喷涂颜色。

（3）电杆选用非预应力混凝土杆，应符合 GB/T 4623—2006，电杆基础及埋深是根据国标，仅为参考，具体使用必须根据实际的地质情况进行调整。

（4）铁附件选用原则。

1）物料库中应采用统一的名称、规格，禁止同物不同名。

2）设计选择时应写明详细的型号代码，确保唯一性。

（5）绝缘子金具串选用原则综合考虑强度、耐冲击性、耐用性、紧密性和转动灵活性选择绝缘子金具串，具体要求如下：

1）线路运行时，不应损坏导线，并应能起到保护导线、地线的作用。

2）能承受安装、维修和运行时产生的各种机械载荷，并能经受设计工作电流（包括短路电流）、运行温度以及周围环境条件等各种情况的考验。

3）装配式金具的各部件应能有效锁紧，在运行中不松脱。

4）带电检修时，应考虑检修的安全性和操作的方便性。

5）与导线和地线表面直接接触的压接金具，其压缩面在安装前应保护好，防止污染，采用合适的材料及制造工艺防止产品脆变。

6）金具选材时应考虑材料的机械强度、耐磨性和耐腐蚀性等。应选择满足设计要求、经济合理、性能优良、环保节能的常用材料；为了减少线路运行中产生的磁滞损耗和涡流损耗，与导线直接接触的金具部件应采用铝质或铝合金材料。

7）金具串连接部位应按面接触进行选择连接金具、在满足转动灵活条件下宜采用数量最少的方案。

8）绝缘子金具串上的螺栓、弹簧销等的穿向按 GB 50173—2014《电气装置安装工程 66kV 及以下架空线路施工及验收规范》要求安装。

9）架空绝缘线路带电裸露部位均应进行绝缘防水封护。

2.5 主要设备及材料清册

方案主要设备材料清册见表 2-3。

表 2-3　　　　主要设备材料清册

<table>
<tr><th>序号</th><th>名称</th><th colspan="3">型号及规格</th><th>单位</th><th>数量</th><th>备注</th></tr>
<tr><td>1</td><td>混凝土杆</td><td colspan="3">ϕ190×12m（非预应力杆），
ϕ190×15m（非预应力杆）</td><td>根</td><td>2</td><td>双杆等高</td></tr>
<tr><td>2</td><td>跌落式熔断器</td><td colspan="3">100A</td><td>只</td><td>3</td><td>高压熔丝按变压器容量选择</td></tr>
<tr><td>3</td><td>支柱式避雷器</td><td colspan="3">17/50kV</td><td>只</td><td>3</td><td>型式按设计选定</td></tr>
<tr><td>4</td><td>变压器模块</td><td colspan="3">50kVA、100kVA、200kVA、400kVA；
Dyn11；$U_{k\%}=4$</td><td>套</td><td>1</td><td></td></tr>
<tr><td rowspan="8">5</td><td rowspan="8">变压器模块与综合配电箱连接母线</td><td rowspan="4">低压预制母线（YZA-1-ZX）</td><td>50kVA</td><td>截面积不小于 50mm^2</td><td rowspan="8">套</td><td rowspan="8">1</td><td rowspan="8">可按实际尺寸调整</td></tr>
<tr><td>100kVA</td><td>截面积不小于 90mm^2</td></tr>
<tr><td>200kVA</td><td>截面积不小于 150mm^2</td></tr>
<tr><td>400kVA</td><td>截面积不小于 300mm^2</td></tr>
<tr><td rowspan="4">低压软母线（YZA-1-CL）</td><td>50kVA</td><td>截面积不小于 70mm^2</td></tr>
<tr><td>100kVA</td><td>截面积不小于 70mm^2</td></tr>
<tr><td>200kVA</td><td>截面积不小于 150mm^2</td></tr>
<tr><td>400kVA</td><td>截面积不小于 300mm^2</td></tr>
<tr><td>6</td><td>综合配电箱</td><td colspan="3">100kVA（50kVA）：1000mm×650mm×700mm
（宽×深×高）（采用绝缘母线系统结构）
400kVA（200kVA）：1350mm×700mm×1200mm
（宽×深×高）（采用绝缘母线系统结构）</td><td>套</td><td>1</td><td></td></tr>
<tr><td rowspan="5">7</td><td rowspan="5">10kV 高压引线</td><td rowspan="2">YZA-1-ZX</td><td>架空绝缘导线</td><td>JKLYJ-10-1×50mm^2</td><td rowspan="5">套</td><td rowspan="5">1</td><td rowspan="5">可按实际尺寸调整</td></tr>
<tr><td>绝缘导线</td><td>JKTRYJ-10/35mm^2</td></tr>
<tr><td rowspan="3">YZA-1-CL</td><td>架空绝缘导线</td><td>JKLYJ-10-1×50mm^2</td></tr>
<tr><td>绝缘导线</td><td>JKTRYJ-10/35mm^2</td></tr>
<tr><td>电缆</td><td>YJV-8.7/15-3×35mm^2</td></tr>
</table>

2.6 使用说明

2.6.1 概述

本方案分为变压器模块正装和侧装 2 个子方案，以方便使用者在具体工程设计中使用。

2.6.2 方案简述

本方案主要对应内容为：10kV 侧采用架空绝缘导线或电缆引下，综合配电箱通过悬挂方式垂直固定在变压器模块下方，安装在台架上，馈线采用架空绝缘导线或电缆引出。10kV 变压器模块为 1 台 50kVA～400kVA 的组合方案。

本说明为“10kV 纵向一体化柱上变压器台典型设计”的内容使用说明，对应方案编号为“YZA-1”，其中：正装子方案编号为“YZA-1-ZX”，10kV 侧采用架空绝缘线引下，综合配电箱通过悬挂方式垂直固定在变压器模块下方，安装在台架上，之间接线采用低压预制母线，馈线采用架空绝缘导线或电缆引出。侧装子方案编号为“YZA-1-CL”，10kV 侧采用电缆引下，综合配电箱通过悬挂方式垂直固定在变压器模块下方，安装在台架上，之间接线采用低压软母线，馈线采用架空绝缘导线或电缆引出。

2.6.3 基本方案及模块说明

（1）纵向一体化柱上变压器台采用双杆等高布置方式。

（2）综合配电箱采用吊装方式，综合配电箱应配置带盖通用挂锁，有防止触电的警告标示并采取可靠的接地和防盗措施。

2.6.4 其他

2.6.4.1 本方案以地基承载力特征值 $f_{ak}=150\text{kPa}$，地下水无影响，非采暖区设计，当具体工程中实际情况有所变化时，应对有关项目作相应调整。

2.6.4.2 纵向一体化柱上变压器台一次设备要求的最小空气间隙应满足《国家电网公司物资采购标准高海拔外绝缘配置技术规范》（2009 年版）规定，具体要求见表 2-4。

2.6.4.3 纵向一体化柱上变压器台中同杆架设线路横担之间要求的最小垂直距离见表 2-5。

2.6.4.4 纵向一体化柱上变压器台中线路柱式绝缘子配置标准见表 2-6。

2.6.4.5 低压馈线方案应考虑避免低压线路穿越高压线路问题，在低压线路设计中合理布置低压线路方向，不宜与高压线路同向，或采用电缆入地敷设至低压线。

表 2-4　一次设备要求的最小空气间隙

海拔（m）	一次设备要求的最小空气间隙	
	相对地（mm）	相间（mm）
$H\leqslant1000$	200	200
$1000<H\leqslant2000$	226	226
$2000<H\leqslant3000$	256	256
$3000<H\leqslant4000$	288	288
$4000<H\leqslant5000$	327	327

表 2-5　同杆架设线路横担之间的最小垂直距离

类　　型	最小垂直距离（m）
10kV 与 10kV	0.8
10kV 与 1kV 以下	1.2
1kV 以下与 1kV 以下	0.6

表 2-6　线路柱式瓷绝缘子配置表

污区等级	海　　拔		
	1000m 以下	1000～2500m	2500～4000m
d	R5ET105L	R12.5ET170N	R12.5ET200N
e	R12.5ET170N	R12.5ET170N	R12.5ET200N

说明：绝缘子配置按海拔分类范围值上限考虑。

2.7 杆型图及物料清单

10kV 纵向一体化柱上变压器台杆型图及物料清单见表 2-7。

表 2-7　10kV 纵向一体化柱上变压器台杆型图及物料清单

图序	图　　名	图纸编号	备注
图 2-1	电气主接线图（一）	YZA-1-D1-01-01	100kVA（50kVA）
图 2-2	电气主接线图（二）	YZA-1-D1-01-02	400kVA（200kVA）
图 2-3	杆型图（15m 双杆）	YZA-1-ZX-D1-02-01	
图 2-4	物料清单（15m 双杆）	YZA-1-ZX-D1-03-01	
图 2-5	杆型图（12m 双杆）	YZA-1-ZX-D1-02-02	

续表

图序	图　　名	图纸编号	备注
图 2-6	物料清单（12m 双杆）	YZA-1-ZX-D1-03-02	
图 2-7	杆型图（15m 双杆）	YZA-1-CL-D1-02-03	
图 2-8	物料清单（15m 双杆）	YZA-1-CL-D1-03-03	
图 2-9	杆型图（12m 双杆）	YZA-1-CL-D1-02-04	
图 2-10	物料清单（12m 双杆）	YZA-1-CL-D1-03-04	
图 2-11	接地体加工图	YZA-1-D1-04	
图 2-12	纵向一体化柱上变压器台成套装置外形图（一）	YZA-1-D1-05-01	正装
图 2-13	纵向一体化柱上变压器台成套装置外形图（二）	YZA-1-D1-05-02	侧装

续表

图序	图　　名	图纸编号	备注
图 2-14	纵向一体化柱上变压器台成套装置综合配电箱布置加工图（一）	YZA-1-D1-06-01	100kVA（50kVA），正装
图 2-15	纵向一体化柱上变压器台成套装置综合配电箱布置加工图（二）	YZA-1-D1-06-02	400kVA（200kVA），正装
图 2-16	纵向一体化柱上变压器台成套装置综合配电箱布置加工图（三）	YZA-1-D1-06-03	100kVA（50kVA），侧装
图 2-17	纵向一体化柱上变压器台成套装置综合配电箱布置加工图（四）	YZA-1-D1-06-04	400kVA（200kVA），侧装

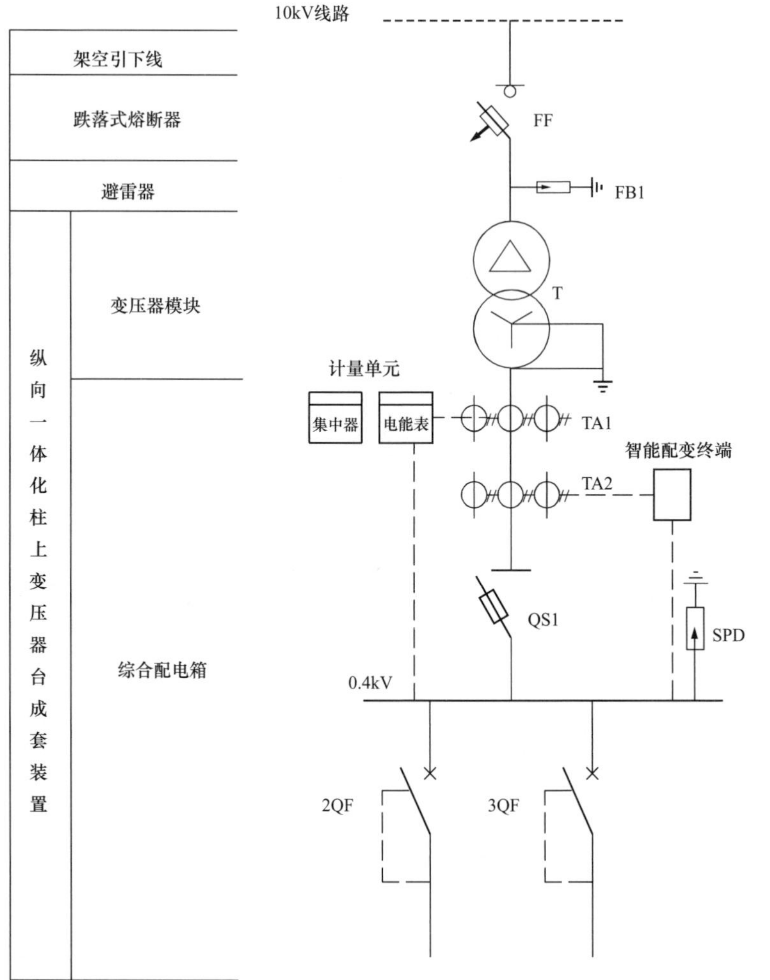

项目	名称		代号	规格参数	单位	数量	备注
1	架空引下线						规格参数按具体物料选择
2	跌落式熔断器		FF	HRW12–12/100	只	3	熔断器按变压器模块容量配置
3	避雷器		FB1	HY5WBG-17/50	只	3	
4	变压器模块		T	100kVA或50kVA	套	1	选用S13及以上节能型变压器
5	综合配电箱	电流互感器	TA1	计量选用0.2S级	只	3	
		电流互感器	TA2	测量选用0.5级	只	3	
		浪涌保护器	SPD	T1级	只	1	
		熔断器式隔离开关	QS1	100kVA选用200A，3P	组	1	带200A熔芯
				50kVA选用125A，3P	组	1	带125A熔芯
		断路器（带剩余电流动作保护）	2~3QF	100kVA选用100A/3P+N	只	2	$I_{cu}\geqslant$20kA
				50kVA选用63A/3P+N	只	2	$I_{cu}\geqslant$10kA
		智能配变终端		满足规范要求	组	1	

图 2-1　电气主接线图（一）（YZA-1-D1-01-01）

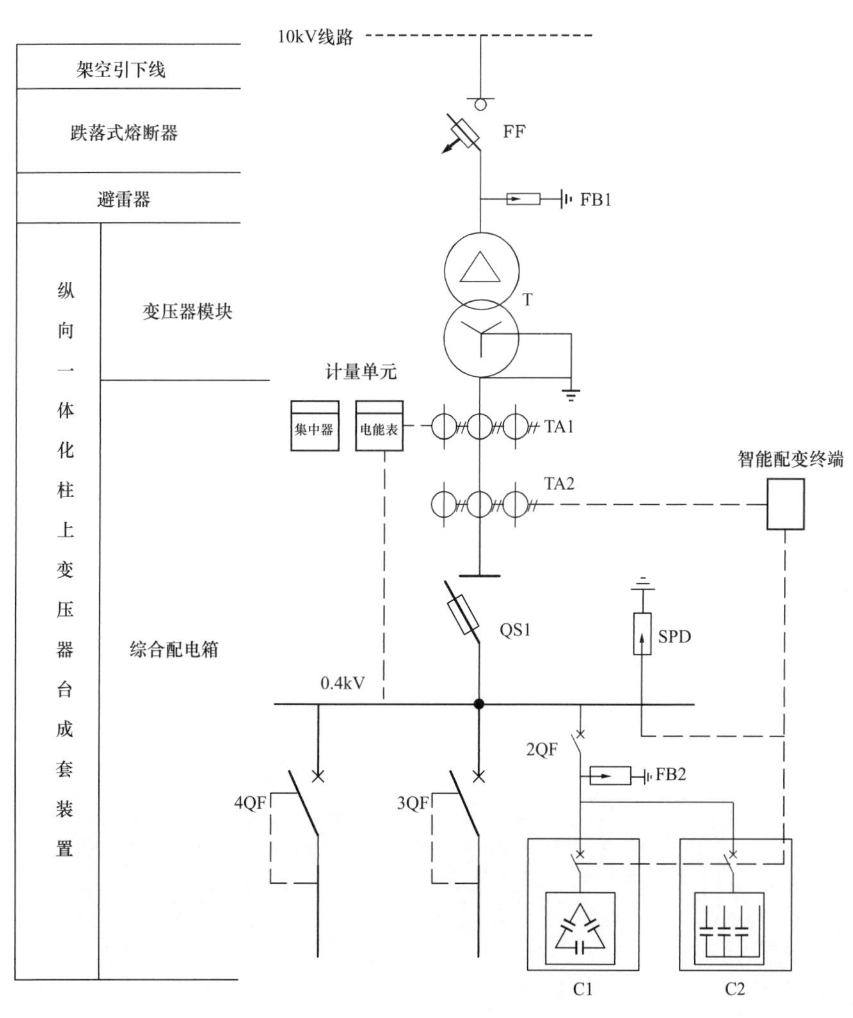

项目	名称		代号	规格参数	单位	数量	备注
1	架空引下线						规格参数按具体物料选择
2	跌落式熔断器		FF	HRW12-12/100	只	3	熔断器按变压器模块容量配置
3	避雷器		FB1	HY5WBG-17/50	只	3	
4	变压器模块		T	400kVA/200kVA	套	1	选用S13及以上节能型变压器
5	综合配电箱	电流互感器	TA1	计量用0.2S	只	3	
		电流互感器	TA2	测量用0.5级	只	3	
		浪涌保护器	SPD	T1级	只	1	
		熔断器式隔离开关	QS1	400kVA选用630A，3P	组	1	带630A熔芯
				200kVA选用400A，3P	组	1	带400A熔芯
		断路器（带剩余电流动作保护）	3~4QF	400kVA选用400A/3P+N	只	2	$I_{cu}\geqslant$35kA
				200kVA选用250A/3P+N	只	2	$I_{cu}\geqslant$20kA
		断路器	2QF		只	1	按需求配置
		低压避雷器	FB2		只	3	
		智能电容补偿（共补）	C1	400kVA按3×10−3×20 kvar配置	组	1	
				200kVA按5+2×10+20 kvar配置	组	1	
		智能电容补偿（分补）	C2	400kVA按10+20 kvar配置	组	1	
				200kVA按5+10 kvar配置	组	1	
		智能配变终端		满足规范要求	组	1	

图 2-2　电气主接线图（二）（YZA-1-D1-01-02）

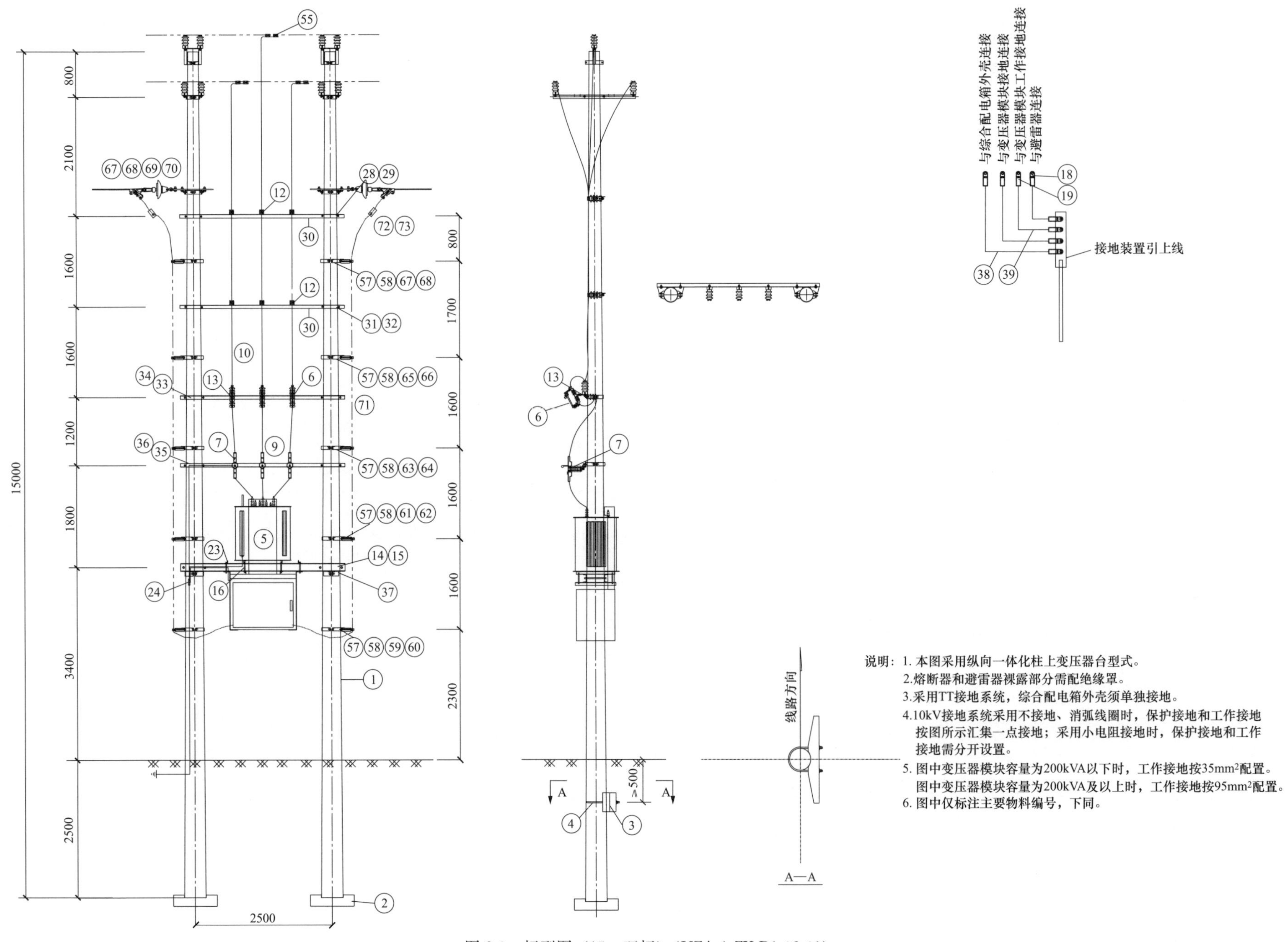

图 2-3 杆型图（15m 双杆）（YZA-1-ZX-D1-02-01）

材料类别	编号	名　称	型　号	单位	数量	图　号	材料编码	备　注
电杆类	①	电杆	190×15m×M	根	2		500013974	
	②	底盘	DP-6	块	2			可选
	③	卡盘	KP12	块	2		500027391	可选
	④	卡盘U型抱箍	U22-370	只	2			可选
设备类	⑤	纵向一体化柱上变压器台成套装置		套	1			
	⑥	跌落式熔断器	100A	只	3		500126974	熔丝按变压器容量配置 可选封闭型，带绝缘罩
	⑦	支柱式避雷器	HY5WBG-17/50	台	3		500027151	配绝缘罩
成套附件类	⑨	高压绝缘线	JKTRYJ-10/35	m	8		500065813	熔断器后使用
	⑩	高压绝缘线	JKLYJ-10/50	m	30		500014672	熔断器前使用
	⑪	高压接线桩头	SBJ-1-M12	只	3			
	⑫	柱式绝缘子	R5ET105L	只	12		柱式绝缘子	
	⑬	熔丝具安装架	RJ7-170	块	3	TJ-ZJ-01	500019880	
	⑭	变压器双杆支持架	【14-3000	副	1	TJ-ZJ-03	500035224	可选绝缘产品
	⑮	双头螺杆	M20×400	根	4	TJ-QT-01	500013166	配螺母垫片
	⑯	双头螺杆	M16×200	根	4	TJ-QT-01	500013069	
	⑰	接线端子	DT-50(铜镀锡)	个	3			配螺母垫片，可选防盗螺栓
	⑱	接线端子	DT-35	只	19			
	(19A)	接线端子	DT-35	只	2			变压器模块容量200kVA以下选用
	(19B)	接线端子	DT-95	只	2			变压器模块容量200kVA及以上选用
	㉔	接地装置		副	1			根据现场实际设计选定
	㉗	压板	YB5-740J	块	4	TJ-LT-04	500126963	
	㉘	横担抱箍	HBG6-240	块	2	TJ-BG-04	500018892	
	㉙	抱箍	BG6-240	块	2	TJ-BG-02	500018831	
	㉚	双杆熔丝具架	SRJ6-3000	块	5	TJ-ZJ-04	500018274	可选绝缘产品
	㉛	横担抱箍	HBG6-260	块	2	TJ-BG-04	500019099	
	㉜	抱箍	BG6-260	块	2	TJ-BG-02	500019005	
	㉝	横担抱箍	HBG6-280	块	2	TJ-BG-04	500018893	
	㉞	抱箍	BG6-280	块	2	TJ-BG-02	500019006	
	㉟	横担抱箍	HBG6-300	块	2	TJ-BG-04	500007914	
	㊱	抱箍	BG6-300	块	2	TJ-BG-02	500007914	
	㊲	抱箍	BG8-320	块	4	TJ-BG-03	500018784	
	㊳	布电线	BV-35	m	12		500017324	
	(39A)	布电线	BV-35	m	3		500017324	变压器模块容量200kVA以下选用
	(39B)	布电线	BV-95	m	3			变压器模块容量200kVA及以上选用
	㊵	高压绝缘罩	10kV	只	3			
	㊶	低压绝缘罩	1kV	只	4			
	㊺	螺栓	M16×45	件	24			配螺母
	㊻	螺栓	M16×70	件	36			配螺母

材料类别	编号	名　称	型　号	单位	数量	图　号	材料编码	备　注
成套附件类（续）	㊼	螺母	M16	个	36			
	㊽	垫圈	M16	个	72			
	㊾	螺栓	M14×40	件	4			
	㊿	垫圈	M14	个	8			
	(51)	螺栓	M18×70	件	4			
	(52)	垫圈	M18	个	8			
	(53)	螺母	M18	个	4			
	(54)	螺栓	M12×40	件	40			
其他类	(55)	绝缘并沟线夹	LH31	副	6		500052217	弹射楔形、螺栓J、C型线夹可选
	(57)	杆上电缆固定架	DLJ5-165	块	10	TJ-ZJ-07	500055071	
	(58)	电缆卡抱	设计选定	块	10	TJ-BG-01		按实际情况选用
	(59)	横担抱箍	HBG6-320	块	2	TJ-BG-04	500019101	
	(60)	抱箍	BG6-320	块	2	TJ-BG-02	500019007	
	(61)	横担抱箍	HBG6-300	块	2	TJ-BG-04	500019100	
	(62)	抱箍	BG6-300	块	2	TJ-BG-02	500018832	
	(63)	横担抱箍	HBG6-280	块	2	TJ-BG-04	500018893	
	(64)	抱箍	BG6-280	块	2	TJ-BG-02	500019006	
	(65)	横担抱箍	HBG6-260	块	2	TJ-BG-04	500019099	
	(66)	抱箍	BG6-260	块	2	TJ-BG-02	500019005	
	(67)	横担抱箍	HBG6-240	块	2	TJ-BJ-04	500018892	
	(68)	抱箍	BG6-240	块	2	TJ-BG-02	500018831	
	(69)	横担抱箍	HBG6-240	块	4	TJ-BJ-04	500018892	
	(70)	横担	HD6-1500	块	2	TJ-HD-01	500071566	
	(71)	挂线联铁	LT7-580G	块	8	TJ-LT-01	500123916	
	(72)	低压耐张串		串	8			
	(73)	低压电缆	设计选定	m	20			
	(74)	低压电缆终端	设计选定	只	4			
	(75)	设备线夹	SLG-3	只	8			
	(76)	低压接线桩头	SBJ-1-M20	只	3			
	(77)	低压接线桩头	SBJ-1-M12	只	1			
	(78)	螺栓	M16×70	件	24			
	(79)	螺母	M16	个	24			
	(80)	垫圈	M16	个	48			
	(81)	螺栓	M14×40	件	24			
	(82)	螺母	M14	个	24			
	(83)	垫圈	M14	个	48			

图 2-4　物料清单（15m 双杆）（YZA-1-ZX-D1-03-01）

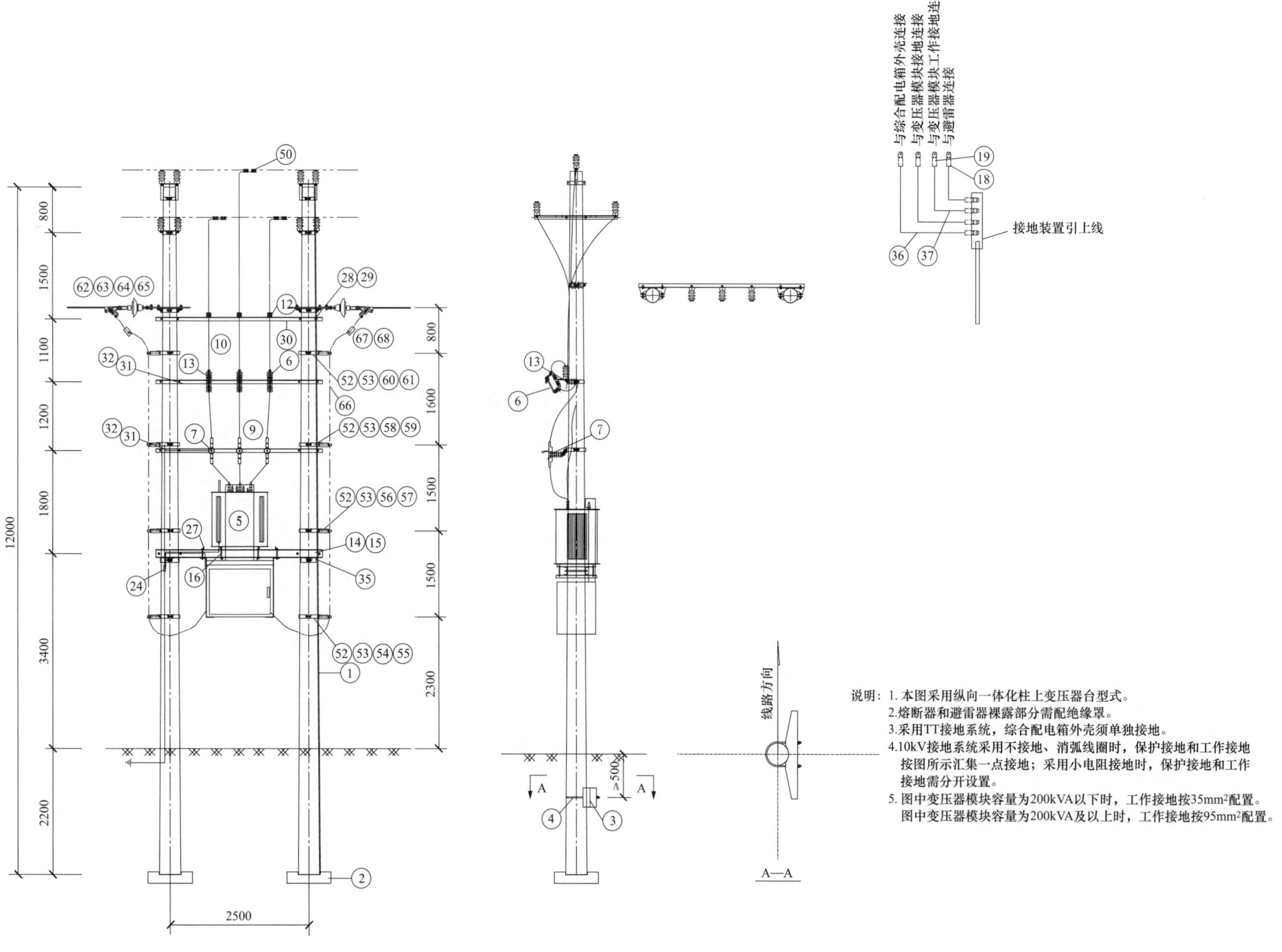

说明：1. 本图采用纵向一体化柱上变压器台型式。

2.熔断器和避雷器裸露部分需配绝缘罩。

3.采用TT接地系统，综合配电箱外壳须单独接地。

4.10kV接地系统采用不接地、消弧线圈时，保护接地和工作接地按图所示汇集一点接地；采用小电阻接地时，保护接地和工作接地需分开设置。

5. 图中变压器模块容量为200kVA以下时，工作接地按35mm²配置。图中变压器模块容量为200kVA及以上时，工作接地按95mm²配置。

图 2-5　杆型图（12m 双杆）（YZA-1-ZX-D1-02-02）

材料类别	编号	名　称	型　号	单位	数量	图　号	材料编码	备　注
电杆类	①	电杆	190×12m	根	2		500013972	
	②	底盘	DP-6	块	2			可选
	③	卡盘	KP12	块	2		500027391	可选
	④	卡盘U型抱箍	U22-370	只	2			可选
设备类	⑤	纵向一体化柱上变压器台成套装置		套	1			
	⑥	跌落式熔断器	100A	只	3		500126974	熔丝按变压器容量配置 可选封闭型，带绝缘罩
	⑦	支柱避雷器	HY5WBG-17/50	台	3		500027151	配绝缘罩
成套附件类	⑨	高压绝缘线	JKTRYJ-10/35	m	8		500065813	熔断器后使用
	⑩	高压绝缘线	JKLYJ-10/50	m	30		500014672	熔断器前使用
	⑪	高压接线桩头	SBJ-1-M12	只	3			
	⑫	柱式绝缘子	R5ET105L	只	9		柱式绝缘子	
	⑬	熔丝具安装架	RJ7-170	块	3	TJ-ZJ-01	500019880	
	⑭	变压器双杆支持架	【14-3000	副	1	TJ-ZJ-03	500035224	可选绝缘产品
	⑮	双头螺杆	M20×400	根	4	TJ-QT-01	500013166	配螺母垫片
	⑯	双头螺杆	M16×200	根	4	TJ-QT-01	500013069	配螺母垫片，可选防盗螺栓
	⑰	接线端子	DT-50(铜镀锡)	个	3			
	⑱	接线端子	DT-35	只	19			
	⑲A	接线端子	DT-35	只	2			变压器模块容量200kVA以下选用
	⑲B	接线端子	DT-95	只	2			变压器模块容量200kVA及以上选用
	㉔	接地装置		副	1			根据现场实际设计选定
	㉗	压板	YB5-740J	块	4	TJ-LT-04	500126963	
	㉘	横担抱箍	HBG6-240	块	2	TJ-BG-04	500018892	
	㉙	抱箍	BG6-240	块	2	TJ-BG-02	500018831	
	㉚	双杆熔丝具架	SRJ6-3000	块	4	TJ-ZJ-04	500018274	可选绝缘产品
	㉛	横担抱箍	HBG6-260	块	4	TJ-BG-04	500019099	
	㉜	抱箍	BG6-260	块	4	TJ-BG-02	500019005	
	㉟	抱箍	BG8-280	块	4	TJ-BG-03	500018782	
	㊱	布电线	BV-35	m	12		500017324	
	㊲A	布电线	BV-35	m	3		500017324	变压器模块容量200kVA以下选用
	㊲B	布电线	BV-95	m	3			变压器模块容量200kVA及以上选用
	㊳	高压绝缘罩	10kV	只	3			
	㊴	低压绝缘罩	1kV	只	4			
	㊶	螺栓	M16×70	件	36			
	㊷	螺母	M16	个	36			按实际情况选用

材料类别	编号	名　称	型　号	单位	数量	图　号	材料编码	备　注
成套附件类（续）	㊸	垫圈	M16	个	72			
	㊹	螺栓	M14×40	件	4			
	㊺	垫圈	M14	个	8			配螺母
	㊻	螺栓	M18×70	件	4			配螺母
	㊼	垫圈	M18	个	8			
	㊽	螺母	M18	个	4			
	㊾	螺栓	M12×40		40			
其他类	㊿	绝缘并沟线夹	LH31	副	6		500052217	弹射楔形、螺栓J、C型线夹可选
	52	杆上电缆固定架	DLJ5-165	块	8	TJ-ZJ-07	500055071	
	53	电缆卡抱	设计选定	块	8	TJ-BG-01		按实际情况选用
	54	横担抱箍	HBG6-300	块	2	TJ-BG-04	500019100	
	55	抱箍	BG6-300	块	2	TJ-BG-02	500018832	
	56	横担抱箍	HBG6-280	块	2	TJ-BG-04	500018893	
	57	抱箍	BG6-280	块	2	TJ-BG-02	500019006	
	58	横担抱箍	HBG6-260	块	2	TJ-BG-04	500019099	
	59	抱箍	BG6-260	块	2	TJ-BG-02	500019005	
	60	横担抱箍	HBG6-240	块	2	TJ-BJ-04	500018892	
	61	抱箍	BG6-240	块	2	TJ-BG-02	500018831	
	62	横担抱箍	HBG6-220	块	4	TJ-BJ-04	500019098	
	63	横担	HD6-1500	块	4	TJ-HD-01	500071566	
	64	挂线联铁	LT7-560G	块	8	TJ-LT-01	500123931	
	65	低压耐张串		串	8			
	66	低压电缆	设计选定	m	20			
	67	低压电缆终端	设计选定	只	4			
	68	设备线夹	SLG-3	只	8			
	69	低压接线桩头	SBJ-1-M20	只	3			
	70	低压接线桩头	SBJ-1-M12	只	1			
	71	螺栓	M16×70	件	24			
	72	螺母	M16	个	24			
	73	垫圈	M16	个	48			
	74	螺栓	M14×40	件	24			
	75	螺母	M14	个	24			
	76	垫圈	M14	个	48			

图 2-6　物料清单（12m 双杆）（YZA-1-ZX-D1-03-02）

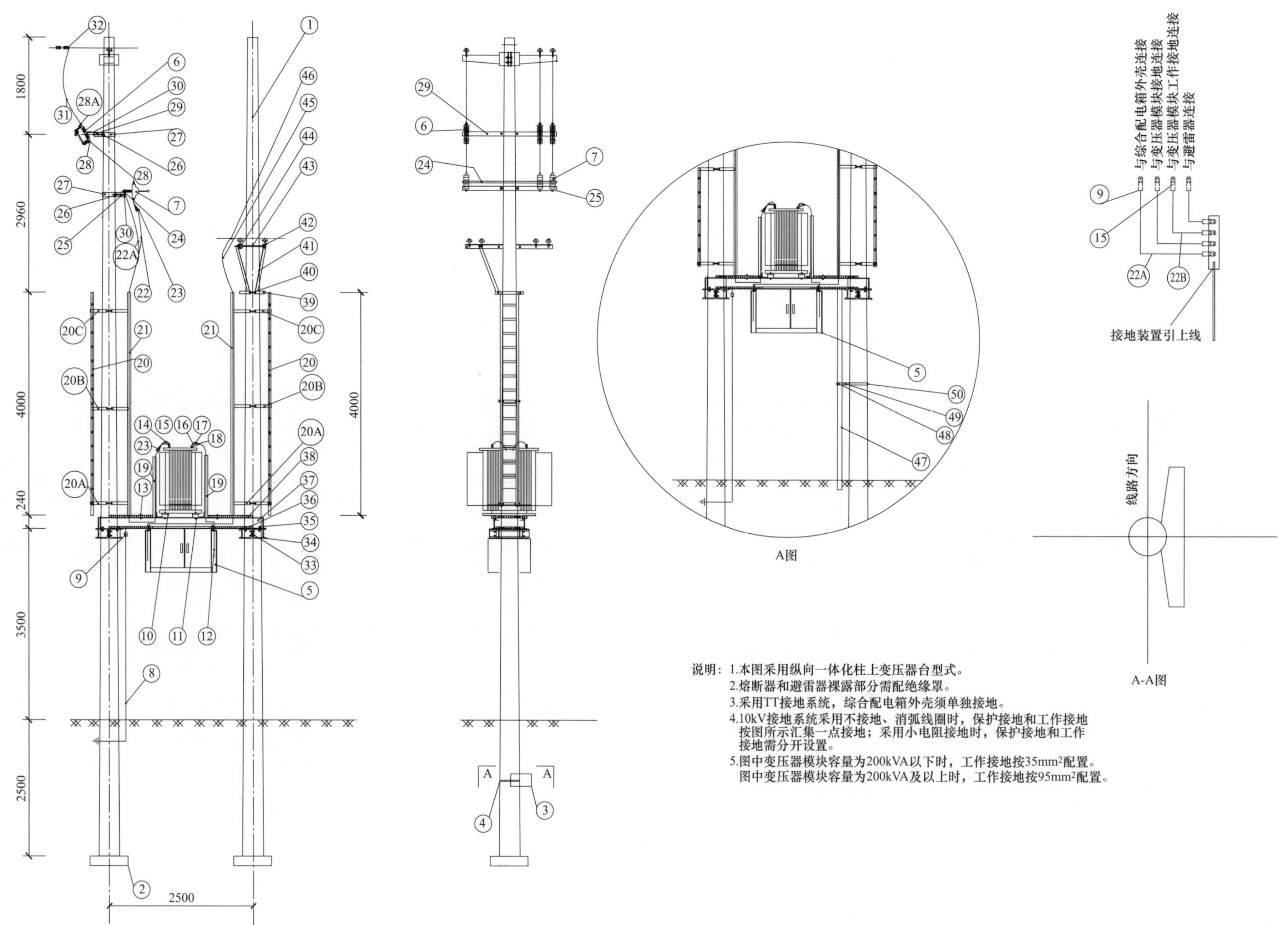

说明：1.本图采用纵向一体化柱上变压器台型式。
2.熔断器和避雷器裸露部分需配绝缘罩。
3.采用TT接地系统，综合配电箱外壳须单独接地。
4.10kV接地系统采用不接地、消弧线圈时，保护接地和工作接地按图所示汇集一点接地；采用小电阻接地时，保护接地和工作接地需分开设置。
5.图中变压器模块容量为200kVA以下时，工作接地按35mm²配置。
图中变压器模块容量为200kVA及以上时，工作接地按95mm²配置。

图 2-7　杆型图（15m 双杆）（YZA-1-CL-D1-02-03）

材料类别	编号	名　称	型　号	单位	数量	图　号	材料编码	备　注
电杆类	①	电杆	190×15m×M	根	2		500013974	
	②	底盘	DP-6	块	2			可选
	③	卡盘	KP12	块	2		500027391	可选
	④	卡盘U型抱箍	U22-370	只	2			可选
设备类	⑤	纵向一体化柱上变压器台成套装置		套	1			
	⑥	跌落式熔断器	100A	只	3		500126974	熔丝按变压器容量配置 可选封闭型，带绝缘罩
	⑦	支柱式避雷器	HY5WBG-17/50	台	3		500027151	配绝缘罩
成套附件类	8	接地装置		套	1			根据现场实际设计选定
	⑨	接线端子	DT-35	只	6			
	⑩	变压器固定梁	8#×730	根	2	FE-BJ-01		
	⑪	不锈钢螺栓	M16×60	套	8			不锈钢，带一母两平
	⑫	阻燃软铜线	ZR-YJVR-1×150(300)	m	10			200kVA以下选用(200kVA以上选用)
	⑬	不锈钢螺栓	M12×50	套	4			不锈钢，带一母两平
	⑭	变压器高压侧绝缘罩	10kV	组	1			红 绿 黄
	⑮	变压器模块工作接地端子	DT-35/DT-95	只	2			200kVA以下选用/200kVA以上选用
	⑯	变压器低压侧引线Z型母排	YX-ZMP	组	1	FE-BJ-03		铜
	⑰	变压器低压侧绝缘罩	1kV	组	1			红 绿 黄 蓝
	⑱	接线端子	DT-150/DT-300	只	8			200kVA以下选用/200kVA以上选用
	⑲	变压器引线绝缘组件	FRP-YXJ	套	2	FRP-BJ-08		FRP材料
	⑳	绝缘爬梯	FRP-PT	m	4	FRP-BJ-09		FRP材料 高压侧
	⑳A	绝缘爬梯抱箍	FRP-B310P	只	2	FRP-BJ-10		FRP材料 高压侧
	⑳B	绝缘爬梯抱箍	FRP-B290P	只	2	FRP-BJ-10		FRP材料 高压侧
	⑳C	绝缘爬梯抱箍	FRP-B264P	只	2	FRP-BJ-10		FRP材料 高压侧
	㉑	绝缘线槽	FRP-C200	m	4	FRP-BJ-07		FRP材料 高压侧
		绝缘线槽内线卡	FRP-CK-4	只	3	FRP-BJ-07		FRP材料 高压侧
	㉒	高压单芯电缆	YJV-8.7/15kV-1×35	m	27			
	㉒A	接地引下线	BV-35	m	12		500017324	
	㉒B	变压器模块工作接地线	BV-35	m	3		500017324	变压器模块容量200kVA以下选用
		变压器模块工作接地线	BV-95	m	3			变压器模块容量200kVA及以上选用
	㉓	户外单芯冷缩头	20-50	只	6			
	㉔	避雷器接地铜排	JDP-40×3×1780	根	1	FE-BJ-02		铜
	㉕	绝缘避雷器横担	FRP-FHD1780	根	1	FRP-BJ-03		FRP材料 方管
	㉖	不锈钢螺栓	M16×240	套	4			不锈钢，带一母两平
	㉗	绝缘横担抱箍	FRP-HB230	只	2	FRP-BJ-04		FRP材料
	㉘	铜端子	DT-35	个	6			
	㉘A	铜铝端子	50	个	3			
	㉙	绝缘跌开横担	FRP-FHD1780	根	1	FRP-BJ-03		
	㉚	熔丝具装置支架	RJ7-280	块	6	TJ-ZJ-01	500126974	

材料类别	编号	名　称	型　号	单位	数量	图　号	材料编码	备　注
成套附件类（续）	㉛	高压引下线	JKLYJ-10/50	m	6		500014672	跌开熔断器前使用
	㉜	绝缘并沟线夹	LH31	副	3		500052217	弹射楔形、螺栓J、C型线夹可选
	㉝	不锈钢螺栓	M16×110	套	8			不锈钢，带一母两平
	㉞	绝缘承重抱箍	FRP-DB316	只	4	FRP-BJ-01		FRP材料
	㉟	不锈钢螺栓	M12×50	套	24			不锈钢，带一母两平
	㊱	绝缘下盖板	FRP-XG530×600	块	2	FRP-BJ-06		FRP材料
	㊲	绝缘承重梁	FRP-GZL2800	根	2	FRP-BJ-02		FRP材料
	㊳	绝缘上盖板	FRP-SG670×L	块	2	FRP-BJ-05		FRP材料
		绝缘垫片	FRP-ϕ13D	个	24	FRP-BJ-11		FRP材料不含爬梯部分垫片
		绝缘垫片	FRP-ϕ18D	个	50	FRP-BJ-11		FRP材料不含爬梯部分垫片
其他类	⑳	绝缘爬梯	FRP-PT	m	4	FRP-BJ-09		FRP材料 低压侧
	⑳A	绝缘爬梯抱箍	FRP-B310P	只	2	FRP-BJ-10		FRP材料 低压侧
	⑳B	绝缘爬梯抱箍	FRP-B290P	只	2	FRP-BJ-10		FRP材料 低压侧
	⑳C	绝缘爬梯抱箍	FRP-B264P	只	2	FRP-BJ-10		FRP材料 低压侧
	㉑	绝缘线槽	FRP-C200	m	4	FRP-BJ-07		FRP材料 低压侧
		绝缘线槽内线卡	FRP-CK-4	只	3	FRP-BJ-07		FRP材料 低压侧
	㊴	绝缘抱箍	FRP-XB250	只	2	FRP-BJ-15		FRP材料 低压横担支撑抱箍
	㊵	不锈钢螺栓	M16×130	套	2			低压横担支撑抱箍紧固螺栓
	㊶	绝缘支持拉板	FRP-Z830	根	2	FRP-BJ-14		低压横担支持拉板
	㊷	低压横担	FRP-JHD1500	根	1	FRP-BJ-13		FRP材料低压角横担
	㊸	不锈钢螺栓	M16×400	套	4			不锈钢，带一母两平
	㊹	低压横担	FRP-FHD1500	根	1	FRP-BJ-12		FRP材料低压方横担
	㊺	低压电缆或单芯绝缘导线(任选一种)	ZC-YJV-0.6/1kV-1×150	m	24			200kVA及以下配变使用
			ZC-YJV-0.6/1kV-1×300	m	24			200kVA及以上配变使用
			JKTRYJ-1/150或JKTRYJ-1/300	m	24			200kVA以下选用/200kVA以上选用
	㊻	低压弹射或液压线夹	设计选定	副	4			带护罩
	㊼	对扣式绝缘电缆保护管	FRP-LB89×8	m	3	FRP-BJ-16		FRP材料
		对扣式绝缘电缆管卡子	FRP-ϕ90K	只	2	FRP-BJ-16		
	㊽	电缆管固定抱箍(单管)	FRP-GB92-1	只	1	FRP-BJ-19		FRP材料 与绝缘电缆管配套。任选一种，并对应配套选取绝缘电缆管支架及电缆管支架抱箍
		电缆管固定抱箍(双管)	FRP-GB92-2	只	1	FRP-BJ-19		
		电缆管固定抱箍(三管)	FRP-GB92-3	只	1	FRP-BJ-19		
		电缆管固定抱箍(四管)	FRP-GB92-4	只	1	FRP-BJ-19		
	㊾	绝缘电缆管支架(单管)	FRP-GZJ-1	个	1	FRP-BJ-17		FRP材料 与绝缘电缆管固定抱箍对应选取
		绝缘电缆管支架(双管)	FRP-GZJ-2	个	1	FRP-BJ-17		
		绝缘电缆管支架(三管)	FRP-GZJ-3	个	1	FRP-BJ-17		
		绝缘电缆管支架(四管)	FRP-GZJ-4	个	1	FRP-BJ-17		
	㊿	电缆管支架与线杆抱箍	FRP-GZJB340	个	1	FRP-BJ-18		FRP材料

图 2-8　物料清单（15m 双杆）（YZA-1-CL-D1-03-03）

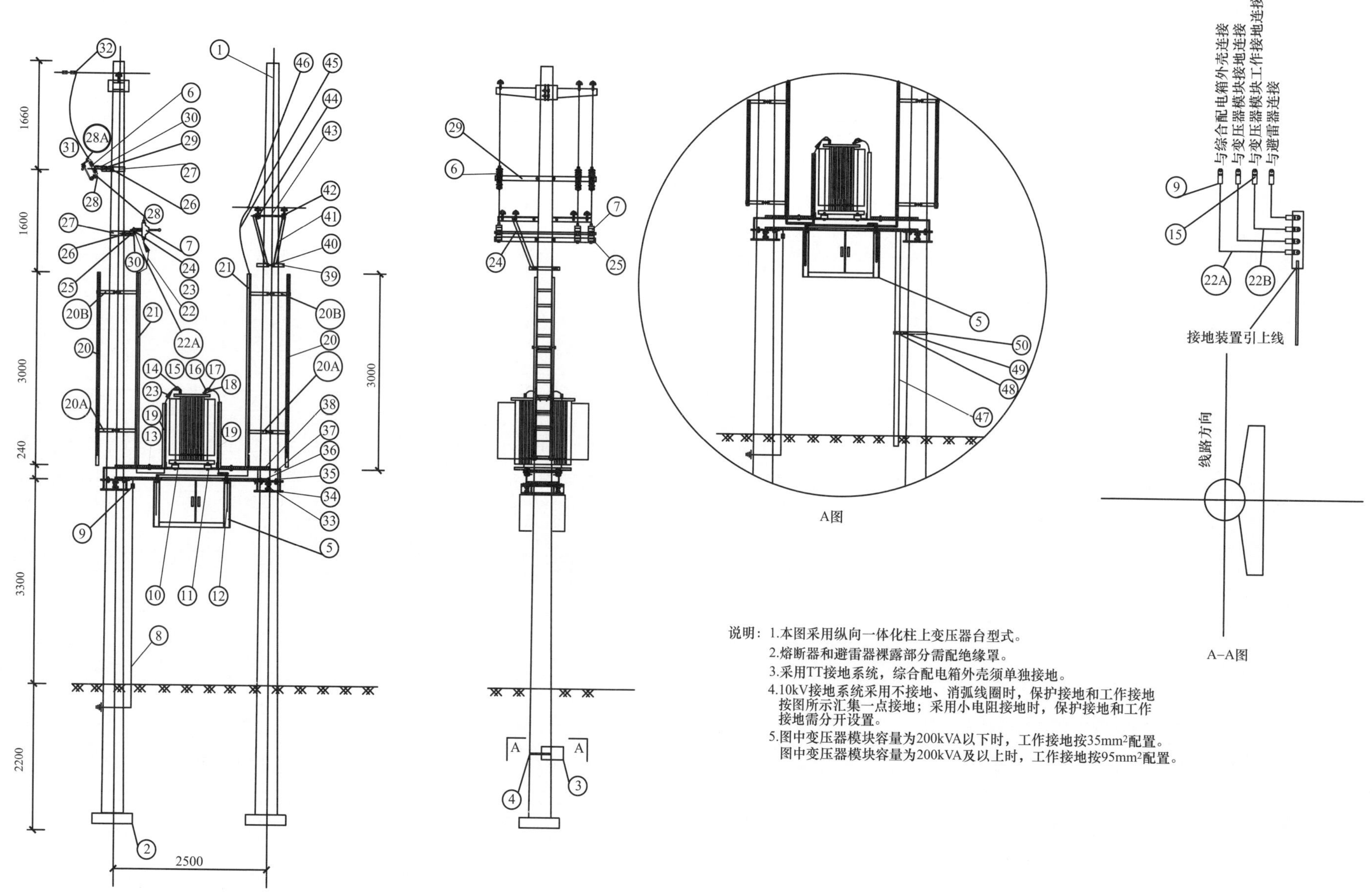

图 2-9　杆型图（12m 双杆）（YZA-1-CL-D1-02-04）

材料类别	编号	名　称	型　号	单位	数量	图　号	材料编码	备　注
电杆类	①	电杆	190×12m	根	2		500013972	
	②	底盘	DP-6	块	2			可选
	③	卡盘	KP12	块	2		500027391	可选
	④	卡盘U型抱箍	U22-370	只	2			可选
设备类	⑤	纵向一体化柱上变压器台成套装置		套	1			
	⑥	跌落式熔断器	100A	只	3		500126974	熔丝按变压器容量配置 可选封闭型，带绝缘罩
	⑦	支柱式避雷器	HY5WBG-17/50	台	3		500027151	配绝缘罩
成套附件类	⑧	接地装置		套	1			根据现场实际设计选定
	⑨	接线端子	DT-35	只	6			
	⑩	变压器固定梁	8#×730	根	2	FE-BJ-01		
	⑪	不锈钢螺栓	M16×60	套	8			不锈钢，带一母两平
	⑫	阻燃软铜线	ZR-YJVR-1×150(300)	m	10			200kVA以下选用(200kVA以上选用)
	⑬	不锈钢螺栓	M12×50	套	4			不锈钢，带一母两平
	⑭	变压器高压侧绝缘罩	10kV	组	1			红 绿 黄
	⑮	变压器模块工作接地端子	DT-35/DT-95	只	2			200kVA以下选用/200kVA以上选用
	⑯	变压器低压侧引线Z型母排	YX-ZMP	组	1	FE-BJ-03		铜
	⑰	变压器低压侧绝缘罩	1kV	组	1			红 绿 黄 蓝
	⑱	接线端子	DT-150/DT-300	只	8			200kVA以下选用/200kVA以上选用
	⑲	变压器引线绝缘组件	FRP-YXJ	套	2	FRP-BJ-08		FRP材料
	⑳	绝缘爬梯	FRP-PT	m	3	FRP-BJ-09		FRP材料 高压侧
	20A	绝缘爬梯抱箍	FRP-B264P	只	2	FRP-BJ-10		FRP材料 高压侧
	20B	绝缘爬梯抱箍	FRP-B238P	只	2	FRP-BJ-10		FRP材料 高压侧
	㉑	绝缘线槽	FRP-C200	m	3	FRP-BJ-07		FRP材料 高压侧
		绝缘线槽内线卡	FRP-CK-4	只	2	FRP-BJ-07		FRP材料 高压侧
	㉒	高压单芯电缆	YJV-8.7/15kV-1×35	m	21			
	22A	接地引下线	BV-35	m	10		500017324	
	22B	变压器模块工作接地线	BV-35	m	3		500017324	变压器模块容量200kVA以下选用
		变压器模块工作接地线	BV-95	m	3			变压器模块容量200kVA及以上选用
	㉓	户外单芯冷缩头	20-50	只	6			
	㉔	避雷器接地铜排	JDP-40×3×1780	根	1	FE-BJ-02		铜
	㉕	绝缘避雷器横担	FRP-FHD1780	根	1	FRP-BJ-03		FRP材料 方管
	㉖	不锈钢螺栓	M16×240	套	4			不锈钢，带一母两平
	㉗	绝缘横担抱箍	FRP-HB230	只	2	FRP-BJ-04		FRP材料
	㉘	铜端子	DT-35	个	6			
	28A	铜铝端子	50	个	3			
	㉙	绝缘跌开横担	FRP-FHD1780	根	1	FRP-BJ-03		
	㉚	熔丝具装置支架	RJ7-280	块	6	TJ-ZJ-01	500126974	
	㉛	高压引下线	JKLYJ-10/50	m	6		500014672	跌开熔断器前使用

材料类别	编号	名　称	型　号	单位	数量	图　号	材料编码	备　注
成套附件类（续）	㉜	绝缘并沟线夹	LH31	副	3		500052217	弹射楔形、螺栓J、C型线夹可选
	㉝	不锈钢螺栓	M16×110	套	8			不锈钢，带一母两平
	㉞	绝缘承重抱箍	FRP-DB275	只	4	FRP-BJ-01		FRP材料
	㉟	不锈钢螺栓	M12×50	套	24			不锈钢，带一母两平
	㊱	绝缘下盖板	FRP-XG530×600	块	2	FRP-BJ-06		FRP材料
	㊲	绝缘承重梁	FRP-GZL2800	根	2	FRP-BJ-02		FRP材料
	㊳	绝缘上盖板	FRP-SG670×L	块	2	FRP-BJ-05		FRP材料
		绝缘垫片	FRP-ϕ13D	个	24	FRP-BJ-11		FRP材料不含爬梯部分垫片
		绝缘垫片	FRP-ϕ18D	个	50	FRP-BJ-11		FRP材料不含爬梯部分垫片
其他类	⑳	绝缘爬梯	FRP-PT	m	3	FRP-BJ-09		FRP材料 低压侧
	20A	绝缘爬梯抱箍	FRP-B264P	只	2	FRP-BJ-10		FRP材料 低压侧
	20B	绝缘爬梯抱箍	FRP-B238P	只	2	FRP-BJ-10		FRP材料 低压侧
	㉑	绝缘线槽	FRP-C200	m	3	FRP-BJ-07		FRP材料 低压侧
		绝缘线槽内线卡	FRP-CK-4	只	2	FRP-BJ-07		FRP材料 低压侧
	㊴	绝缘抱箍	FRP-XB250	只	2	FRP-BJ-15		FRP材料 低压横担支撑抱箍
	㊵	不锈钢螺栓	M16×130	套	2			低压横担支撑抱箍紧固螺栓
	㊶	绝缘支持拉板	FRP-Z830	根	2	FRP-BJ-14		低压横担支持拉板
	㊷	低压横担	FRP-JHD1500	根	1	FRP-BJ-13		FRP材料低压角横担
	㊸	不锈钢螺栓	M16×400	套	4			不锈钢，带一母两平
	㊹	低压横担	FRP-FHD1500	根	1	FRP-BJ-12		FRP材料低压方横担
	㊺	低压电缆或单芯绝缘导线(任选一种)	ZC-YJV-0.6/1kV-1×150	m	20			200kVA及以下配变使用
			ZC-YJV-0.6/1kV-1×300	m	20			200kVA及以上配变使用
			JKTRYJ-1/150或JKTRYJ-1/300	m	20			200kVA以下选用/200kVA以上选用
	㊻	低压弹射或液压线夹	设计选定	副	4			带护罩
	㊼	对扣式绝缘电缆保护管	FRP-LB89×8	m	3	FRP-BJ-16		FRP材料
		对扣式绝缘电缆管卡子	FRP-ϕ90K	只	2	FRP-BJ-16		
	㊽	电缆管固定抱箍(单管)	FRP-GB92-1	只	1	FRP-BJ-19		FRP材料 与绝缘电缆管配套。任选一种，并对应配套选取绝缘电缆管支架及电缆管支架抱箍
		电缆管固定抱箍(双管)	FRP-GB92-2	只	1	FRP-BJ-19		
		电缆管固定抱箍(三管)	FRP-GB92-3	只	1	FRP-BJ-19		
		电缆管固定抱箍(四管)	FRP-GB92-4	只	1	FRP-BJ-19		
	㊾	绝缘电缆管支架(单管)	FRP-GZJ-1	个	1	FRP-BJ-17		FRP材料 与绝缘电缆管固定抱箍对应选取
		绝缘电缆管支架(双管)	FRP-GZJ-2	个	1	FRP-BJ-17		
		绝缘电缆管支架(三管)	FRP-GZJ-3	个	1	FRP-BJ-17		
		绝缘电缆管支架(四管)	FRP-GZJ-4	个	1	FRP-BJ-17		
	㊿	电缆管支架与线杆抱箍	FRP-GZJB300	个	1	FRP-BJ-18		FRP材料

图 2-10　物料清单（12m 双杆）（YZA-1-CL-D1-03-04）

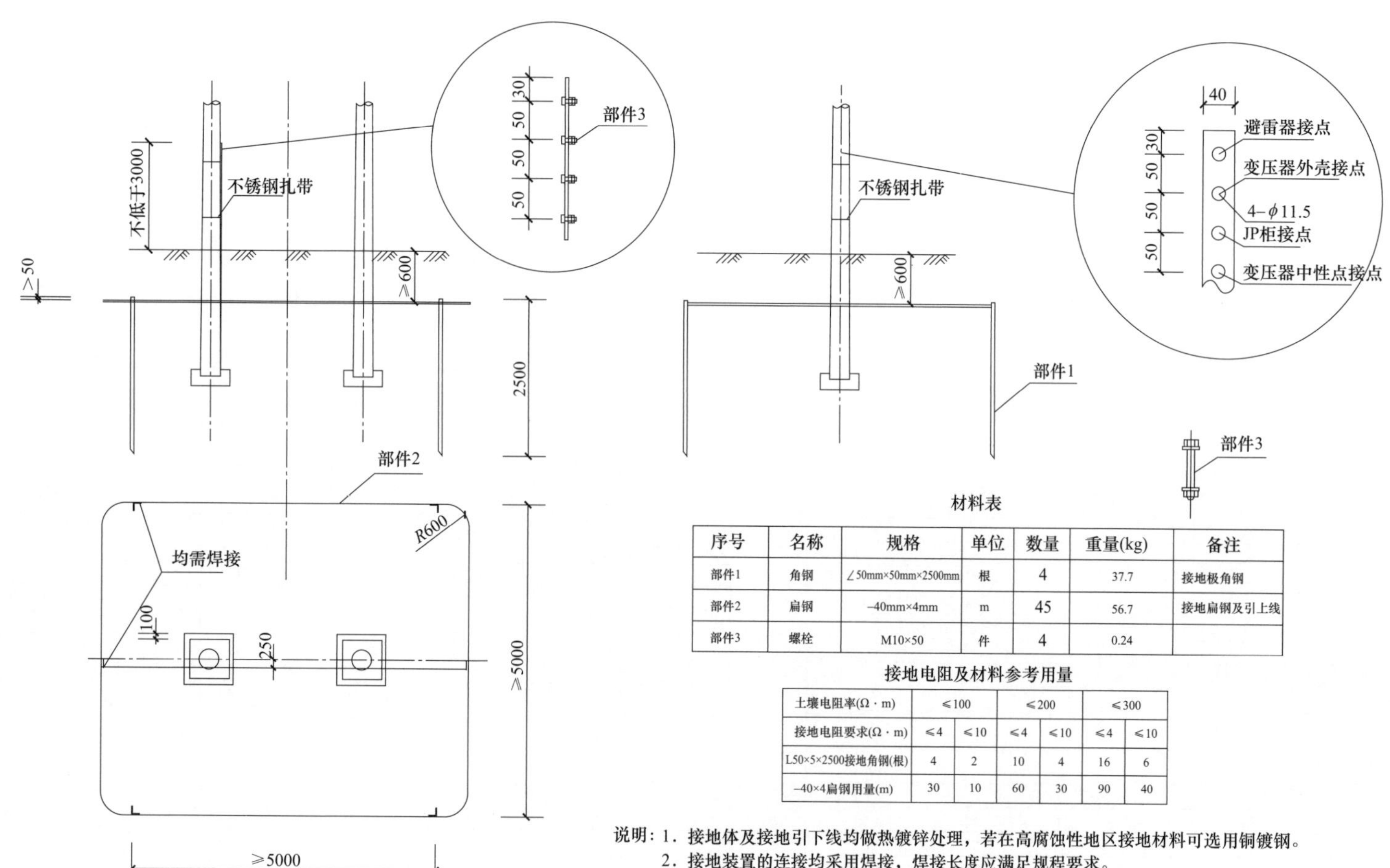

材料表

序号	名称	规格	单位	数量	重量(kg)	备注
部件1	角钢	∠50mm×50mm×2500mm	根	4	37.7	接地极角钢
部件2	扁钢	–40mm×4mm	m	45	56.7	接地扁钢及引上线
部件3	螺栓	M10×50	件	4	0.24	

接地电阻及材料参考用量

土壤电阻率(Ω · m)	≤100		≤200		≤300	
接地电阻要求(Ω · m)	≤4	≤10	≤4	≤10	≤4	≤10
L50×5×2500接地角钢(根)	4	2	10	4	16	6
–40×4扁钢用量(m)	30	10	60	30	90	40

说明：1．接地体及接地引下线均做热镀锌处理，若在高腐蚀性地区接地材料可选用铜镀钢。

2．接地装置的连接均采用焊接，焊接长度应满足规程要求。

3．接地引上线沿电杆内侧敷设，采用不锈钢扎带固定。

4．此接地体材料及工作量根据地域差别，接地极长度和数量、接地扁铁长度，接地引上线长度在满足接地电阻条件下可做调整。

5．一般情况下宜考率要求水平接地体敷设成围绕变压器的环型，后再呈放射型敷设，如实际条件受限，可根据实际情况适当调整。

6．水平接地体的敷设深度一般不小于0.6m，可耕种土地不少于0.8m。

图 2-11　接地体加工图（YZA-1-D1-04）

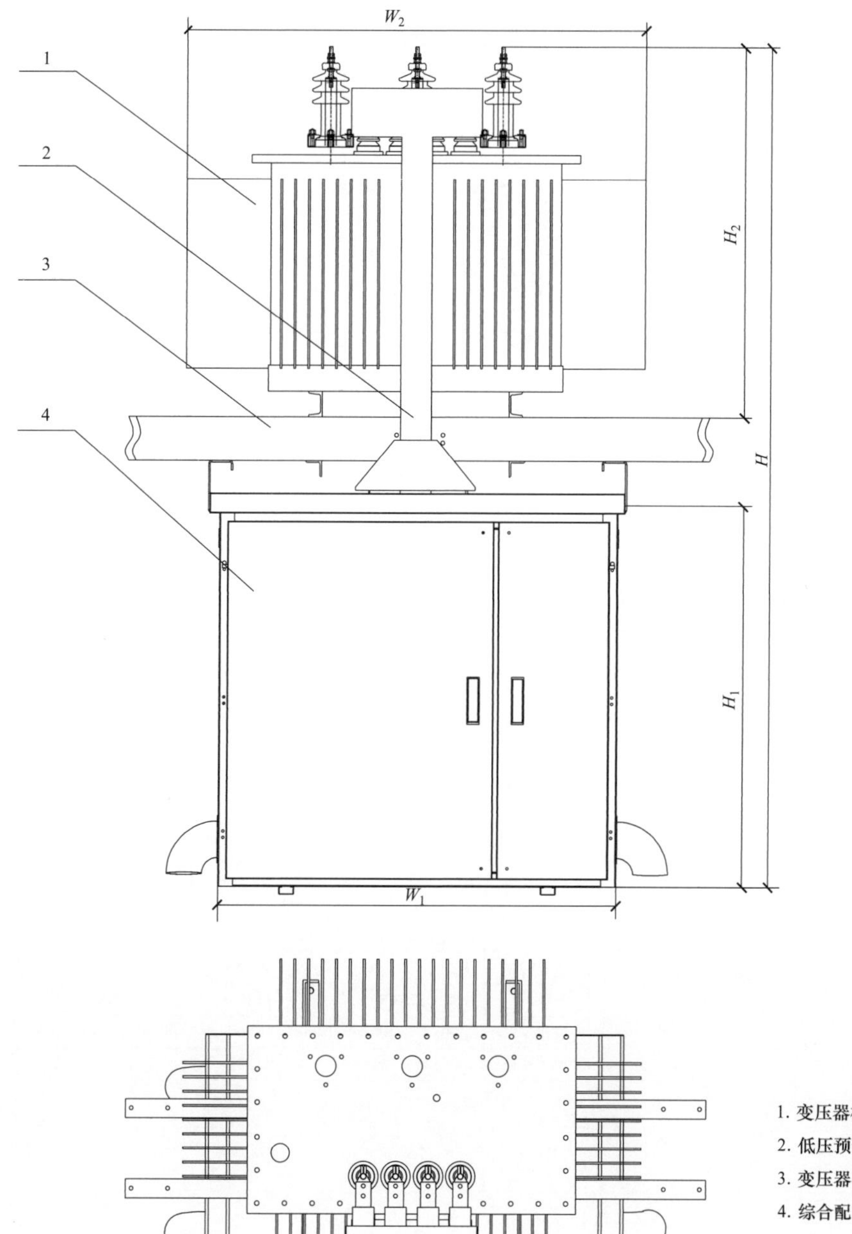

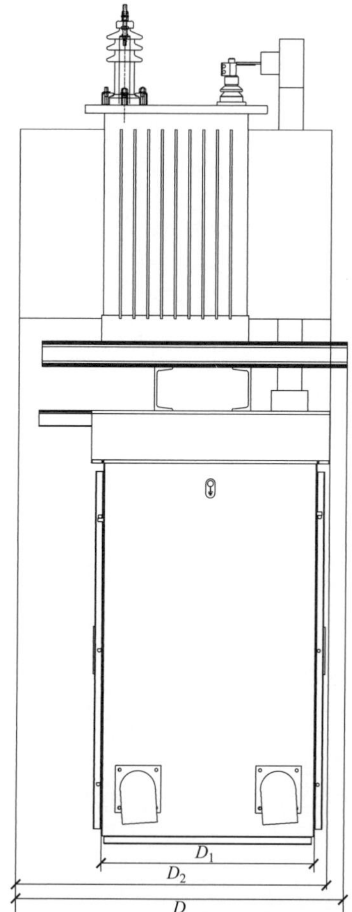

1. 变压器模块；
2. 低压预制母线；
3. 变压器安装横担；
4. 综合配电箱。

规格	外形尺寸　　单位：mm								
	W_1(宽)	D_1(深)	H_1(高)	W_2(宽)	D_2(深)	H_2(高)	W(宽)	D(深)	H(高)
50kVA	1000	650	700	< 1250	< 1100	< 1000	< 1250	< 1250	< 2100
100kVA	1000	650	700	< 1250	< 1100	< 1000	< 1250	< 1250	< 2100
200kVA	1350	700	1200	< 1400	< 1300	< 1300	< 1400	< 1450	< 2900
400kVA	1350	700	1200	< 1600	< 1300	< 1300	< 1600	< 1450	< 2900

图 2-12　纵向一体化柱上变压器台成套装置外形图（一）（YZA-1-D1-05-01）

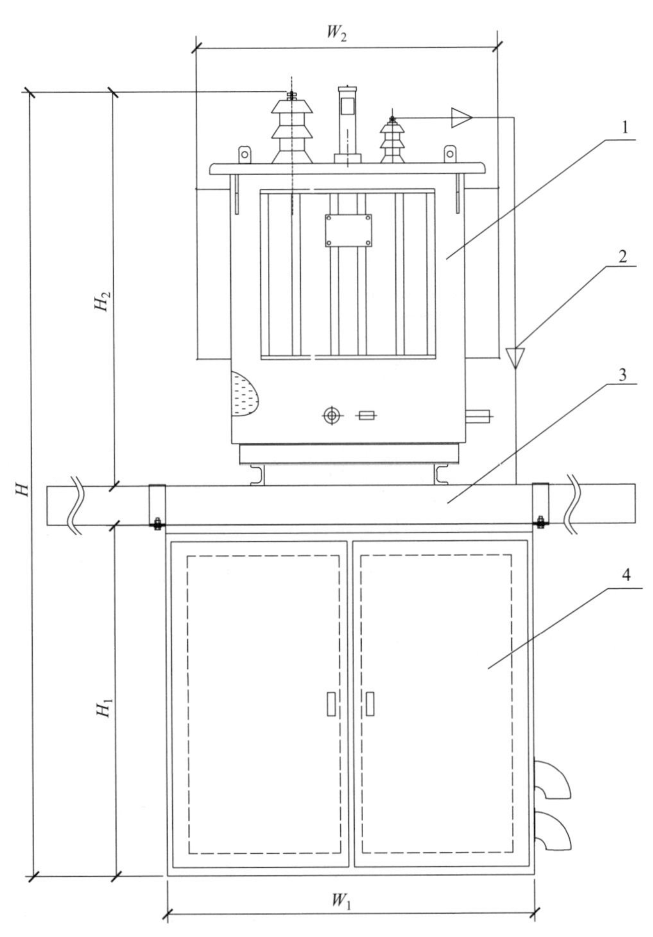

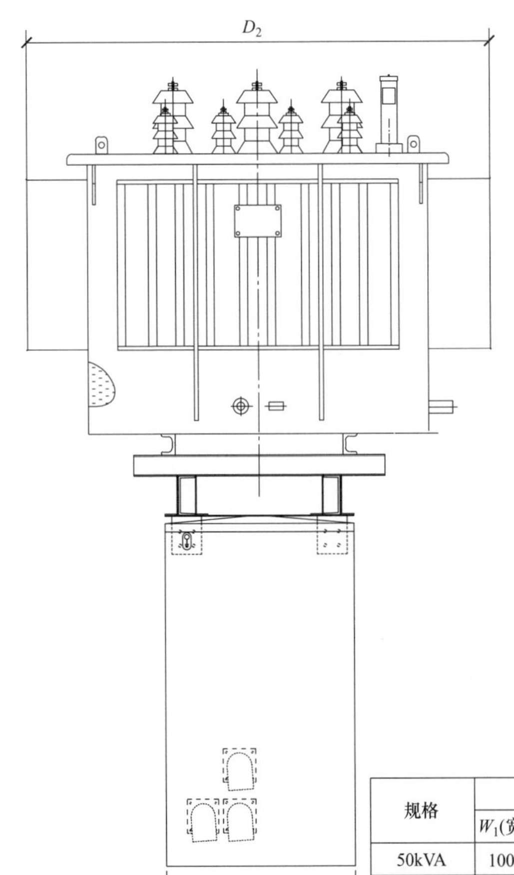

规格	外形尺寸 单位：mm						
	W_1(宽)	D_1(深)	H_1(高)	W_2(宽)	D_2(深)	H_2(高)	H(高)
50kVA	1000	650	700	<1100	<1250	<1000	<1850
100kVA	1000	650	700	<1100	<1250	<1000	<1850
200kVA	1350	700	1200	<1300	<1400	<1300	<2650
400kVA	1350	700	1200	<1300	<1600	<1300	<2650

1. 变压器模块；
2. 安装横担；
3. 综合配电箱；
4. 低压软电缆。

图 2-13　纵向一体化柱上变压器台成套装置外形图（二）（YZA-1-D1-05-02）

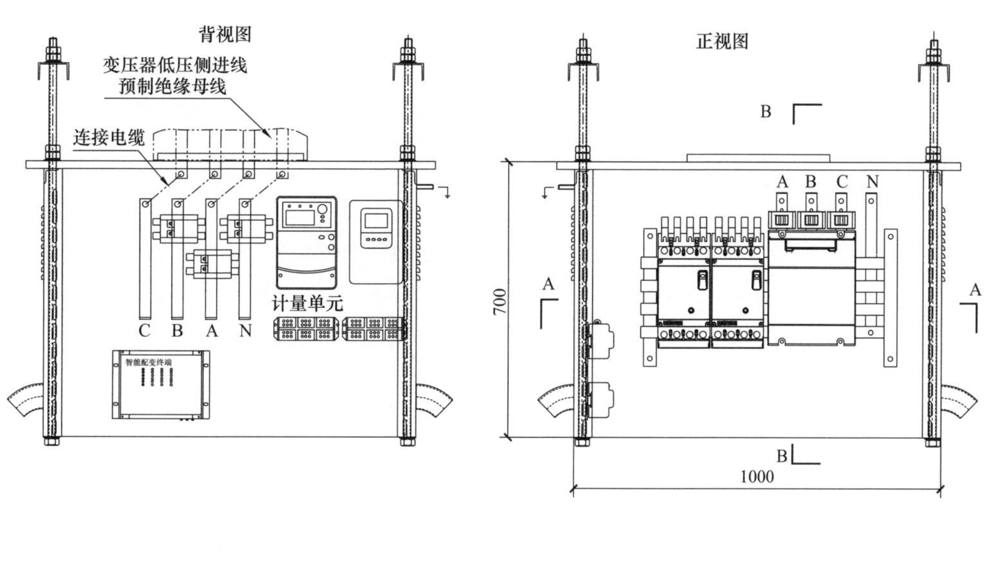

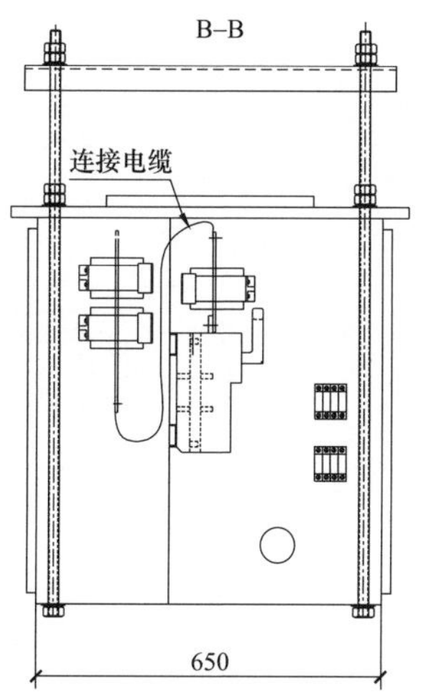

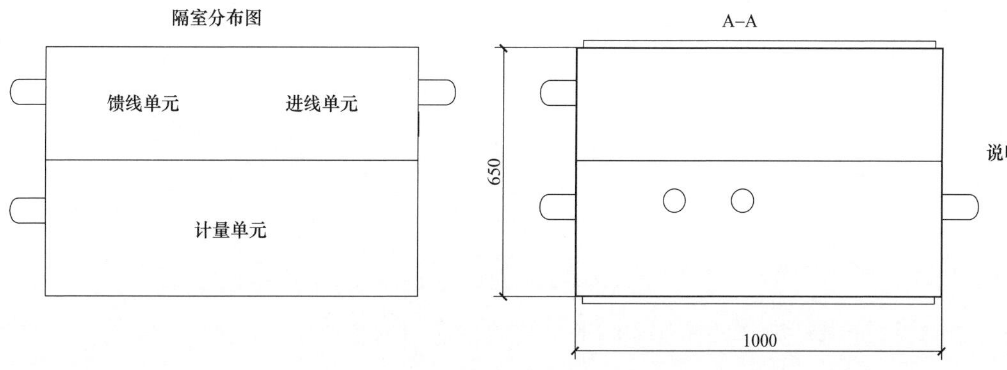

说明：1. 外形尺寸为1000mm宽×650mm深×700mm高；
2. 综合配电箱进线与变压器低压侧之间采用低压预制母线连接；
3. 内部开关采用母线系统结构；
4. 此图适用于100（50）kVA纵向一体化柱上变压器台正装方案。

图 2-14　纵向一体化柱上变压器台成套装置综合配电箱布置加工图（一）（YZA-1-D1-06-01）

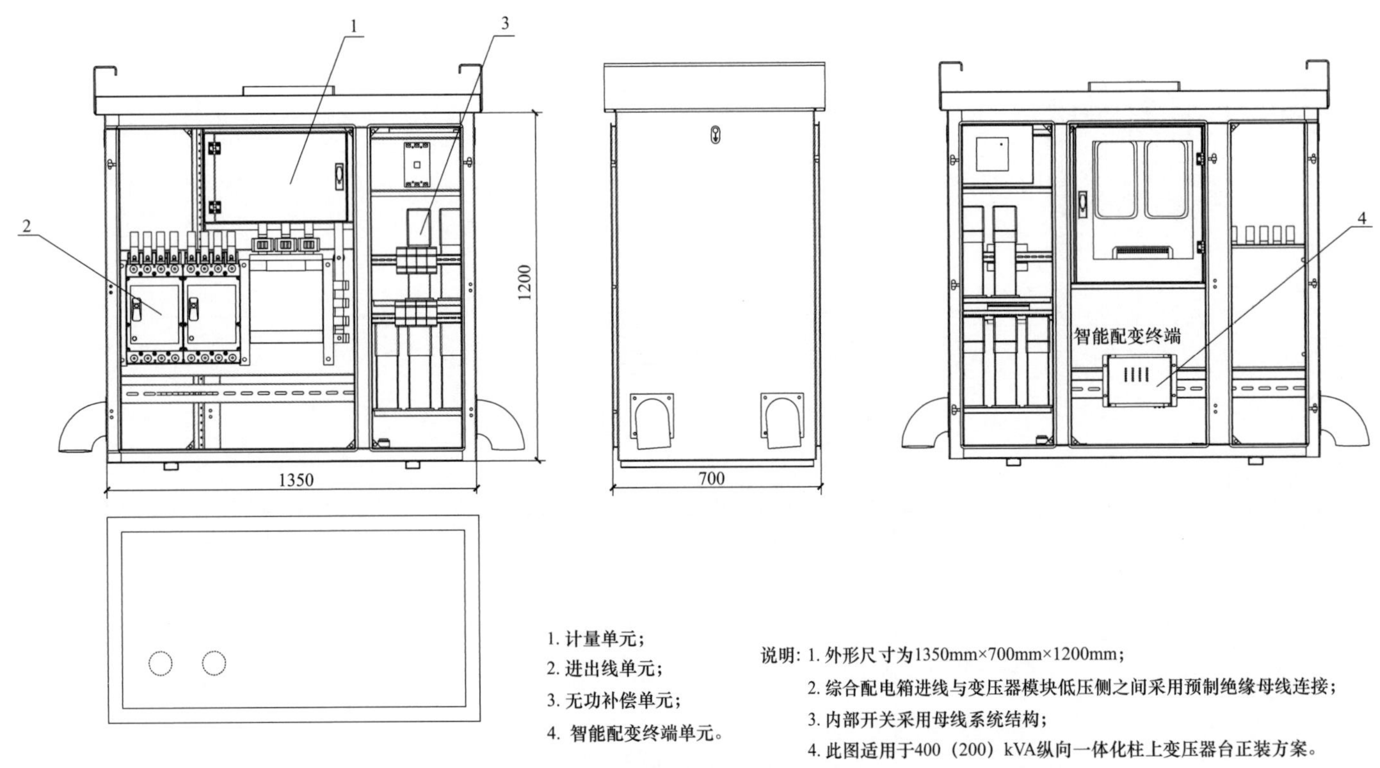

1. 计量单元；
2. 进出线单元；
3. 无功补偿单元；
4. 智能配变终端单元。

说明：1. 外形尺寸为1350mm×700mm×1200mm；
2. 综合配电箱进线与变压器模块低压侧之间采用预制绝缘母线连接；
3. 内部开关采用母线系统结构；
4. 此图适用于400（200）kVA纵向一体化柱上变压器台正装方案。

图 2-15　纵向一体化柱上变压器台成套装置综合配电箱布置加工图（二）（YZA-1-D1-06-02）

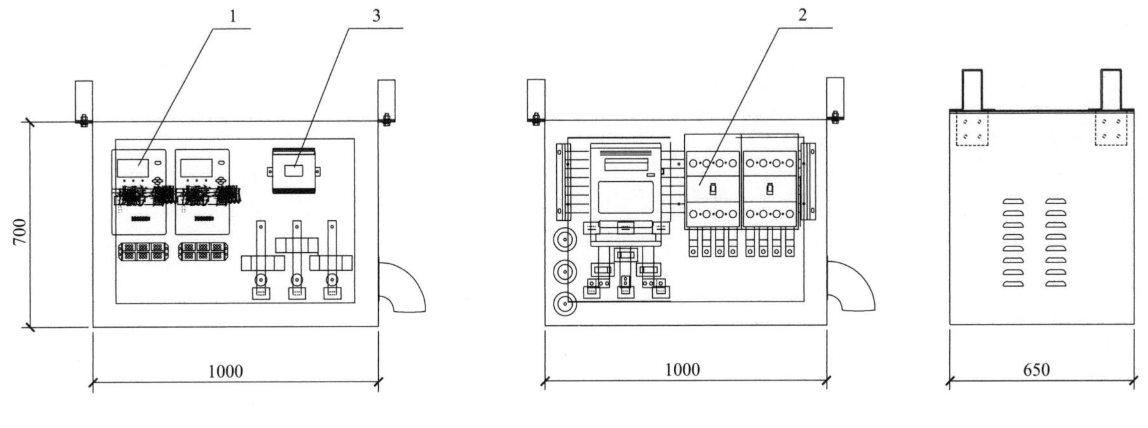

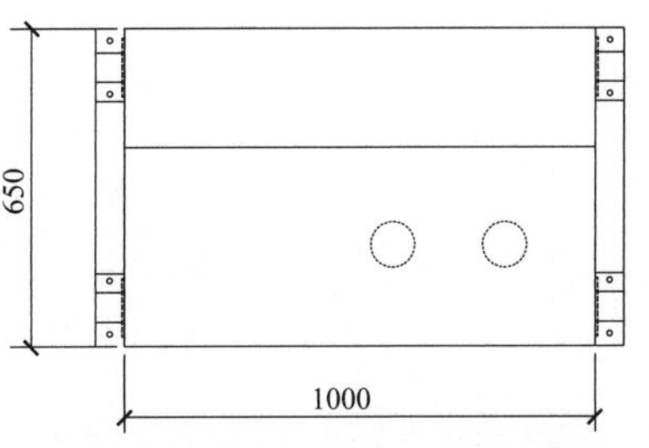

1. 计量单元；
2. 进出线单元；
3. 智能配变终端。

此图适用于100（50）kVA纵向一体化柱上变压器台侧装方案。

图 2-16　纵向一体化柱上变压器台成套装置综合配电箱布置加工图（三）（YZA-1-D1-06-03）

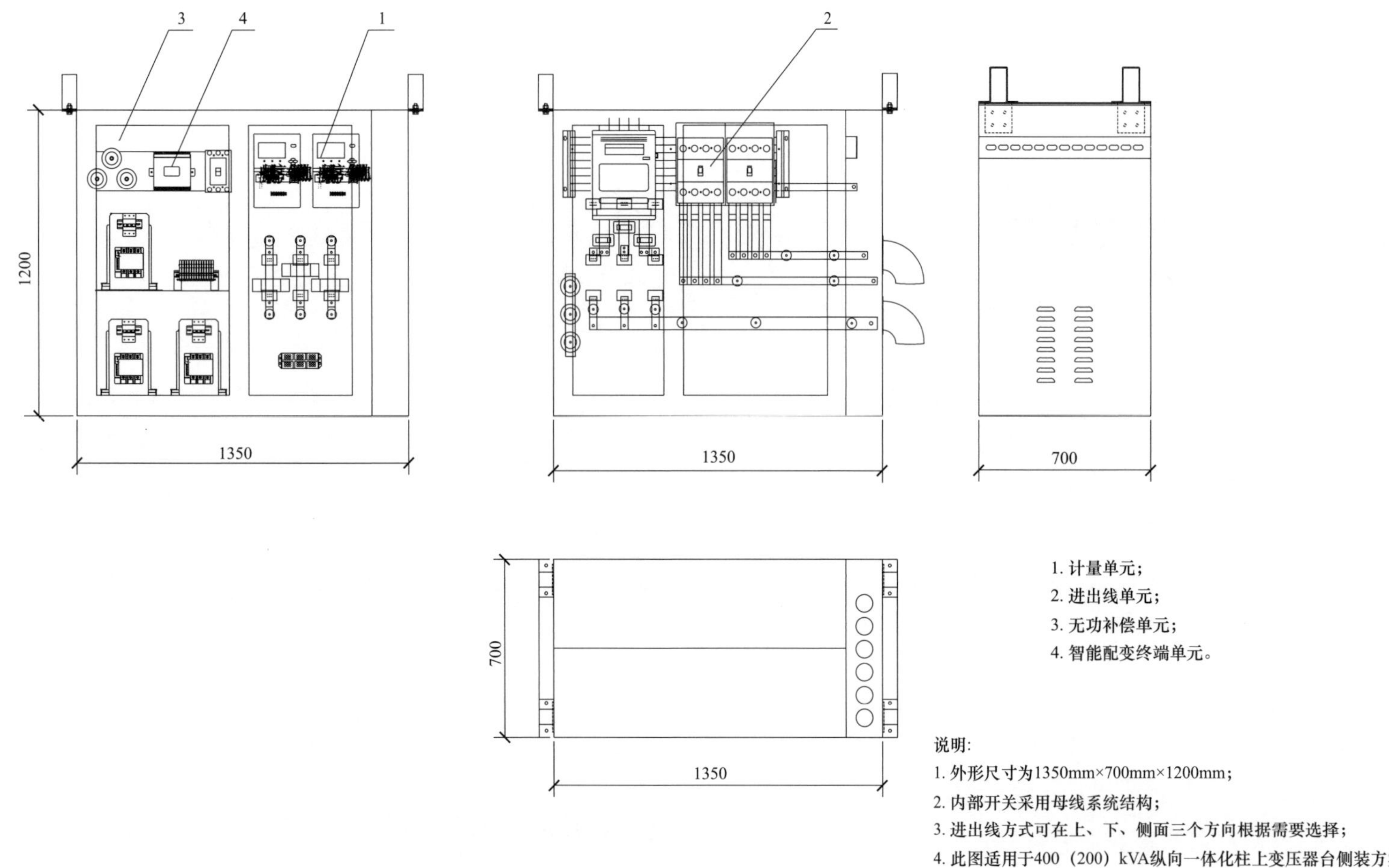

说明:

1. 外形尺寸为1350mm×700mm×1200mm；
2. 内部开关采用母线系统结构；
3. 进出线方式可在上、下、侧面三个方向根据需要选择；
4. 此图适用于400（200）kVA纵向一体化柱上变压器台侧装方案。

图 2-17　纵向一体化柱上变压器台成套装置综合配电箱布置加工图（四）（YZA-1-D1-06-04）

3 10kV 横向一体化柱上变压器台典型设计方案（YZA-2）

3.1 设计说明

3.1.1 概述

本典型设计方案编号为“YZA-2”，分为变压器模块正装和侧装 2 个子方案。

正装子方案编号为“YZA-2-ZL”，10kV 侧采用电缆引下，综合配电箱与变压器模块前后固定，安装在台架上，变压器模块正装，之间接线采用铜质软连接，馈线采用架空绝缘导线或电缆引出。

侧装子方案编号为“YZA-2-CL”，10kV 侧采用电缆引下，综合配电箱与变压器模块前后固定，安装在台架上，变压器模块侧装，之间接线采用铜质软连接，馈线采用架空绝缘导线或电缆引出。

3.1.2 适用范围

本设计方案适用于经济条件较好，人口密度相对较大的供电区域。

本设计方案为单回 10kV 线路，如果采用双回 10kV 线路，可根据实际情况作相应的调整。

3.1.3 方案技术条件

本设计方案根据“10kV 一体化柱上变压器台典型设计总体说明”确定的预定条件开展设计，YZA-2 典型设计方案技术条件见表 3-1。

表 3-1　10kV 一体化柱上变压器台 YZA-2 典型设计方案技术条件表

序号	项目名称	内　容
1	变压器模块	变压器模块应选用不低于 GB 20052—2013 中二级能效等级、全密封、全绝缘油浸式变压器，容量选择 50kVA、100kVA、200kVA、400kVA 四种规格

续表

序号	项目名称	内　容
2	低压配电模块	综合配电箱空间应满足 1 回进线、2 回馈线、计量、无功补偿（变压器模块容量 100kVA 及以下不配置）、智能配变终端等设备的安装要求，综合配电箱采用绝缘母线系统结构，外壳选用 304 不锈钢材料，厚度不低于 2mm
3	主要设备型式	10kV 选用跌落式熔断器或封闭型熔断器，熔断器短路电流水平按 8/12.5kA 考虑，其他 10kV 设备短路电流水平均按 20kA 考虑；0.4kV 进线选用熔断器式隔离开关；馈线宜采用断路器，其中 50kVA 综合配电箱馈线开关额定极限分断电流不小于 10kA，100kVA、200kVA 综合配电箱馈线开关额定极限分断电流不小于 20kA，400kVA 综合配电箱馈线开关额定极限分断电流不小于 35kA
4	防雷接地	10kV 小电流接地系统接地电阻不大于 4Ω，保护接地与工作接地汇集一点设置；当采用大电流接地系统时，保护接地和工作接地需分开设置。若保护接地与工作接地共用接地系统时，需结合工程实际情况，考虑土壤条件等因素进行校验。 变压器模块高压侧应安装支柱式避雷器，多雷区低压侧宜安装避雷器，避雷器应尽量靠近被保护设备，且连接引线尽可能短而直；接地体一般采用镀锌钢，腐蚀性高的地区宜采用铜包钢或者石墨；接地电阻、跨步电压和接触电压应满足有关规程要求

3.2 电力系统部分

3.2.1 本典设按照给定的变压器模块进行设计，在实际工程中，需要根据实地情况具体设计选择变压器模块容量。

3.2.2 熔断器短路电流水平按 8/12.5kA 考虑，其他 10kV 设备短路电流水平均按 20kA 考虑。

3.2.3 高压侧采用跌落式熔断器或封闭型熔断器，低压侧进线选择熔断器式隔离开关。馈线宜选用断路器，其中 50kVA 综合配电箱馈线开关额定极限分断电流不小于 10kA，100kVA、200kVA 综合配电箱馈线开关额定极限分断电流不小于 20kA，400kVA 综合配电箱馈线开关额定极限分断电流不小于 35kA。

3.3 电气一次部分

3.3.1 短路电流及主要电气设备、导体选择

（1）变压器模块。

型式：应选用不低于 GB 20052—2013 中二级能效等级、全密封、全绝缘油浸式变压器；

容量：50kVA、100kVA、200kVA、400kVA；

阻抗电压：$U_{k\%}=4$；

额定电压：10（10.5）±2×2.5%/0.4kV 或 10（10.5）±5%/0.4kV；

接线组别：Dyn11、Yyn0；

冷却方式：自冷式。

（2）10kV 侧选用跌落式熔断器或封闭型熔断器，10kV 避雷器采用支柱式避雷器。

（3）综合配电箱。

1）综合配电箱空间应满足 1 回进线、2 回馈线、计量、无功补偿（100kVA 及以下变压器模块不配置）、智能配变终端等设备的安装要求，其中，100kVA（50kVA）综合配电箱外形尺寸按照 1000mm×500mm×900mm（宽×深×高）进行设计，400kVA（200kVA）两种综合配电箱外形尺寸按照 1550mm×500mm×1200mm（宽×深×高）设计。综合配电箱采用绝缘母线系统结构，外壳选用 304 不锈钢材料，厚度不低于 2mm，并加装防凝露装置。综合配电箱的铰链和门锁应采用耐腐蚀材质，外壳的焊接与组装应牢固，焊缝应光洁均匀，无焊穿、裂纹、溅渣、气孔等现象。

综合配电箱前、后箱门应采用双层结构，折弯高度为 10mm，在两层钢板的中间铺装岩棉隔热层，厚度为 10mm；箱体左右两侧侧板内侧也应采用双层结构以增加散热通道，散热通道宽度与侧板同宽，增加的内侧板折弯高度为 8mm，散热通道底部最大限度均匀布置进气孔，进气孔应满足防护等级要求，散热通道顶部低于侧板顶部，距离为 8mm；箱体内应加装低噪音散热风扇，风扇由温控装置实现自动控制，安装风扇后不得影响其他设备运行和降低综合配电箱的防护等级。

2）根据柱上变压器台实际负荷状况，进行无功优化计算，合理分组与配置无功补偿容量。横向一体化柱上变压器台按照以下原则进行无功补偿：50kVA、100kVA 台区产品不配置无功补偿；200kVA 台区产品按 60kvar 容量配置，配置方式为共补（5＋2×10＋20）kvar、分补（5＋10）kvar；400kVA 台区产品按 120kvar 容量配置，配置方式为共补（3×10＋3×20）kvar、分补（10＋20）kvar。实现无功需量自动投切，配置智能配变终端。

3）电气主接线采用单母线接线，馈线 2 回。进线选择熔断器式隔离开关。馈线宜选用断路器，并按需配置带通信接口的智能配变终端和 T1 级浪涌保护器，其中 50kVA 综合配电箱馈线开关额定极限分断电流不小于 10kA，100kVA、200kVA 综合配电箱馈线开关额定极限分断电流不小于 20kA，400kVA 综合配电箱馈线开关额定极限分断电流不小于 35kA。TT 系统的剩余电流动作保护器应根据 Q/GDW 11020—2013 要求进行安装，综合配电箱不锈钢外壳单独接地，接地螺母或螺栓直径不得小于 M12。

4）综合配电箱安装于变压器模块正前方，下沿距离地面不低于 2.5m，有防汛需求可适当加高。低压进线采用铜质软连接直接与变压器模块低压端子连接，由综合配电箱背面进线；低压馈线可采用架空绝缘导线或电缆，由综合配电箱侧面或底部馈线，电杆外侧敷设，低压馈线优先选择副杆，使用电缆卡抱固定；采用电缆入地敷设时，由综合配电箱侧面或底部馈线。

（4）10kV 一体化柱上变压器台 YZA-2 典型方案导体配置见表 3-2。

表 3-2　　10kV 一体化柱上变压器台 YZA-2 典型方案导体配置表

<table>
<tr><th>方案编号</th><th>起始位置</th><th>终止位置</th><th>导体类别</th><th colspan="2">导体型号</th><th>备注</th></tr>
<tr><td rowspan="7">YZA-2-ZL
YZA-2-CL</td><td>10kV 主干线</td><td>10kV 跌落式熔断器上桩头</td><td>架空绝缘导线</td><td colspan="2">JKLYJ-10-1×50mm²</td><td>导线连接跌落式熔断器上桩头的端子使用铜铝过渡接线端子</td></tr>
<tr><td>10kV 跌落式熔断器下桩头</td><td>10kV 避雷器上桩头</td><td>绝缘导线</td><td colspan="2">JKTRYJ-10/35mm²</td><td>避雷器接地线采用 BV35 布电线</td></tr>
<tr><td>10kV 避雷器下桩头</td><td>变压器模块高压桩头</td><td>高压软电缆</td><td colspan="2">截面积不小于 35mm²</td><td></td></tr>
<tr><td rowspan="4">变压器模块低压桩头</td><td rowspan="4">综合配电箱进线桩头</td><td rowspan="4">铜质软连接</td><td>50kVA</td><td>截面积不小于 50mm²</td><td></td></tr>
<tr><td>100kVA</td><td>截面积不小于 90mm²</td><td></td></tr>
<tr><td>200kVA</td><td>截面积不小于 150mm²</td><td></td></tr>
<tr><td>400kVA</td><td>截面积不小于 300mm²</td><td></td></tr>
</table>

（5）横向一体化柱上变压器台台架采用等高杆方式，电杆采用非预应力混凝土杆，杆高为 12m、15m 两种。

（6）线路金具按“节能型、绝缘型”原则选用。

（7）台区台架承重力按照 400kVA 横向一体化柱上变压器台成套装置重量考虑设计。

3.3.2 基础

方案中所有混凝土杆的埋深及底盘的规格均按预定条件选定，若土质与设计条件差别较大可根据实际情况做适当调整。

3.3.3 防雷、接地及过电压保护

交流电气装置的接地应符合 GB/T 50065—2011 的要求。电气装置过电压保护应满足 GB/T 50064—2014 的要求。

（1）采用支柱式避雷器进行过电压保护，支柱式避雷器按 GB 11032－2010 中的规定进行选择，设备绝缘水平按国标要求执行。

（2）变压器模块均装设支柱式避雷器，并应尽量靠近变压器，其接地引下线应与变压器二次侧中性点及变压器的金属外壳相连接。在多雷区宜在变压器二次侧装设避雷器，避雷器应尽量靠近被保护设备，连接引线尽可能短而直。一体化柱上变压器台高压侧应安装避雷器，方案中采用支柱式避雷器。

（3）中性点直接接地的低压绝缘零线，应在电源点接地，TN－C 系统在干线和分支线的终端处，应将零线重复接地，且接地点不应少于三处；TT 系统的剩余电流动作保护器应根据 Q/GDW 11020—2013 的要求进行安装，综合配电箱外壳单独接地，接地螺母或螺栓直径不得小于 M12，并有明显的接地标志。接地体敷设成围绕变压器的闭合环形，设 2 根及以上垂直接地极，接地体的埋深不应小于 0.6m，且不应接近煤气管道及输水管道。接地线与杆上需接地的部件必须接触良好。

（4）综合配电箱防雷采用 T1 级浪涌保护器，壳体、浪涌保护器及避雷器应接地，接地引线与接地网可靠连接。

（5）设水平和垂直接地的复合接地网。接地体一般采用镀锌钢，腐蚀性高的地区宜采用铜包钢或者石墨。接地电阻、跨步电压和接触电压应满足有关规程要求。考虑防盗要求接地极汇合点设置在主杆 3.0m 处，分别与避雷器接地、变压器模块中性点接地、变压器模块外壳接地和综合配电箱外壳进行有效连接。综合配电箱外壳接地端口留在箱体底部，综合配电箱内部中需要接地的电器元件及金属部件等均应有效接地。

（6）横向一体化柱上变压器台成套装置的接地连续性应满足 GB 17467—2010 的要求，内部任一可能接地的点到一体化柱上变压器台的主接地点在 30A（DC）电流条件下试验，电压降应不大于 3V。

3.4 其他

（1）标志标识。

在台架两侧电杆上安装“禁止攀登，高压危险”警示牌，尺寸为 300mm×240mm，禁止标志牌长方形衬底色为白色，带斜杠的圆边框为红色，标志符号为黑色，辅助标志为红底白字、黑体字，字号根据标志牌尺寸、字数调整；在台架正面变压器模块托担中央安装变压器命名牌，命名牌尺寸为 300mm×240mm（不带框），白底红色黑体字，字号根据标志牌尺寸、字数调整；安装上沿与变压器模块托担上沿对齐，并用钢带固定在托担上；标志标识牌、设备铭牌及整体设备任何位置不得喷涂国家电网公司的标志。

（2）设备外观颜色。

横向一体化柱上变压器台变压器模块外观颜色采用海灰 B05，综合配电箱不锈钢外壳喷塑海灰 B05，涂层厚度不低于 50μm，热镀锌支架不再喷涂颜色。

（3）电杆选用非预应力混凝土杆，应符合 GB/T 4623—2006，电杆基础及埋深是根据国标，仅为参考，具体使用必须根据实际的地质情况进行调整。

（4）铁附件选用原则。

1）物料库中应采用统一的名称、规格，禁止同物不同名。

2）设计选择时应写明详细的型号代码，确保唯一性。

（5）绝缘子金具串选用原则综合考虑强度、耐冲击性、耐用性、紧密性和转动灵活性选择绝缘子金具串，具体要求如下：

1）线路运行时，不应损坏导线，并应能起到保护导线、地线的作用；

2）能承受安装、维修和运行时产生的各种机械载荷，并能经受设计工作电流（包括短路电流）、运行温度以及周围环境条件等各种情况的考验；

3）装配式金具的各部件应能有效锁紧，在运行中不松脱；

4）带电检修时，应考虑检修的安全性和操作的方便性；

5）与导线和地线表面直接接触的压接金具，其压缩面在安装前应保护好，防止污染，采用合适的材料及制造工艺防止产品脆变；

6）金具选材时应考虑材料的机械强度、耐磨性和耐腐蚀性等。应选择满足设计要求、经济合理、性能优良、环保节能的常用材料；为了减少线路运行中产生的磁滞损耗和涡流损耗，与导线直接接触的金具部件应采用铝质或铝合金材料；

7）金具串连接部位应按面接触进行选择连接金具、在满足转动灵活条件下宜采用数量最少的方案；

8）绝缘子金具串上的螺栓、弹簧销等的穿向按 GB 50173—2014 的要求安装；

9）架空绝缘线路带电裸露部位均应进行绝缘防水封护。

3.5 主要设备及材料清册

主要设备及材料清册见表 3-3。

表 3-3　主要设备及材料清册

序号	名称	型号及规格			单位	数量	备注
1	混凝土杆	ϕ190×12m（非预应力杆），ϕ190×15m（非预应力杆）			根	2	双杆等高
2	跌落式熔断器	100A			只	3	高压熔丝按变压器容量选择
3	支柱式避雷器	17/50kV			只	3	型式按设计选定
4	变压器模块	50kVA、100kVA、200kVA、400kVA；Dyn11；$U_{k\%}=4$			套	1	
5	变压器模块与综合配电箱连接母线	铜质软连接	50kVA	截面积不小于 50mm²	套	1	可按实际尺寸调整
			100kVA	截面积不小于 90mm²			
			200kVA	截面积不小于 150mm²			
			400kVA	截面积不小于 300mm²			
6	综合配电箱	100kVA（50kVA）：1000mm×500mm×900mm（宽×深×高）（采用绝缘母线系统结构） 400kVA（200kVA）：1550mm×500mm×1200mm（宽×深×高）（采用绝缘母线系统结构）			套	1	
7	10kV 高压引线	架空绝缘导线		JKLYJ-10-1×50mm²	套	1	可按实际尺寸调整
		绝缘导线		JKTRYJ-10/35mm²			
		高压软电缆		截面积不小于 35mm²			

3.6 使用说明

3.6.1 概述

本方案分为变压器模块正装和侧装 2 个子方案，以方便使用者在具体工程设计中使用。

3.6.2 方案简述

本方案主要对应内容为：10kV 侧采用电缆引下，综合配电箱与变压器模块前后固定，安装在台架上，馈线采用架空绝缘导线或电缆引出。10kV 变压器模块为 1 台 50kVA～400kVA 的组合方案。

本说明为“10kV 横向一体化柱上变压器台典型设计”的内容使用说明，对应方案编号为“YZA-2”，其中：正装子方案编号为“YZA-2-ZL”，10kV 侧采用电缆引下，综合配电箱与变压器模块前后固定，安装在台架上，变压器模块正装，之间接线采用铜质软连接，馈线采用架空绝缘导线或电缆引出。侧装子方案编号为“YZA-2-CL”，10kV 侧采用电缆引下，综合配电箱与变压器模块前后固定，安装在台架上，变压器模块侧装，之间接线采用铜质软连接，馈线采用架空绝缘导线或电缆引出。

3.6.3 基本方案及模块说明

（1）横向一体化柱上变压器台采用双杆等高布置方式。

（2）综合配电箱安装于变压器模块正前方，综合配电箱应配置带盖通用挂锁，有防止触电的警告标示并采取可靠的接地和防盗措施。

3.6.4 其他

3.6.4.1 本方案以地基承载力特征值 $f_{ak}=150$kPa，地下水无影响，非采暖区设计，当具体工程中实际情况有所变化时，应对有关项目作相应调整。

3.6.4.2 横向一体化柱上变压器台一次设备要求的最小空气间隙应满足《国家电网公司物资采购标准高海拔外绝缘配置技术规范》（2009 年版）规定，具体要求见表 3-4。

3.6.4.3 横向一体化柱上变压器台中同杆架设线路横担之间要求的最小垂直距离见表 3-5。

3.6.4.4 横向一体化柱上变压器台中线路柱式绝缘子配置标准见表 3-6。

3.6.4.5 低压馈线方案应考虑避免低压线路穿越高压线路问题，在低压线路设计中合理布置低压线路方向，不宜与高压线路同向，或采用电缆入地敷设至低压线。

表 3-4　一次设备要求的最小空气间隙

一次设备要求的最小空气间隙		
海拔（m）	相对地（mm）	相间（mm）
$H\leqslant1000$	200	200
$1000<H\leqslant2000$	226	226
$2000<H\leqslant3000$	256	256
$3000<H\leqslant4000$	288	288
$4000<H\leqslant5000$	327	327

表 3-5　同杆架设线路横担之间的最小垂直距离

类　　型	距离（m）
10kV 与 10kV	0.8
10kV 与 1kV 以下	1.2
1kV 以下与 1kV 以下	0.6

表 3-6　线路柱式瓷绝缘子配置表

污区等级	海　　拔		
	1000m 以下	1000～2500m	2500～4000m
d	R5ET105L	R12.5ET170N	R12.5ET200N
e	R12.5ET170N	R12.5ET170N	R12.5ET200N

说明：绝缘子配置按海拔分类范围值上限考虑。

3.7　杆型图及物料清单

表 3-7　横向一体化柱上变压器台杆型图及物料清单

图序	图　　名	图纸编号	备注
图 3-1	电气主接线图（一）	YZA-2-D1-01-01	100kVA（50kVA）
图 3-2	电气主接线图（二）	YZA-2-D1-01-02	400kVA（200kVA）
图 3-3	杆型图（15m 双杆）	YZA-2-ZL-D1-02-01	
图 3-4	物料清单（15m 双杆）	YZA-2-ZL-D1-03-01	
图 3-5	杆型图（12m 双杆）	YZA-2-ZL-D1-02-02	
图 3-6	物料清单（12m 双杆）	YZA-2-ZL-D1-03-02	
图 3-7	杆型图（15m 双杆）	YZA-2-CL-D1-02-03	
图 3-8	物料清单（15m 双杆）	YZA-2-CL-D1-03-03	
图 3-9	杆型图（12m 双杆）	YZA-2-CL-D1-02-04	
图 3-10	物料清单（12m 双杆）	YZA-2-CL-D1-03-04	
图 3-11	接地体加工图	YZA-2-D1-04	
图 3-12	横向一体化柱上变压器台成套装置外形图	YZA-2-D1-05	
图 3-13	横向一体化柱上变压器台成套装置综合配电箱布置加工图（一）	YZA-2-D1-06-01	100kVA（50kVA）
图 3-14	横向一体化柱上变压器台成套装置综合配电箱布置加工图（二）	YZA-2-D1-06-02	400kVA（200kVA）

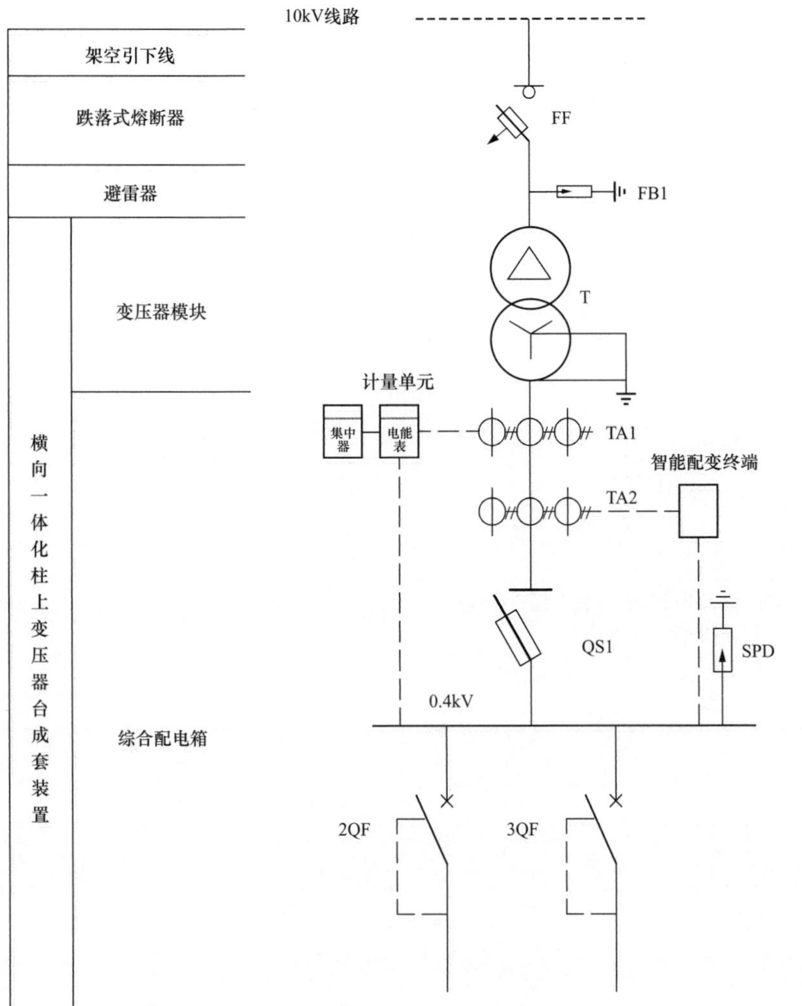

项目	名称		代号	规格参数	单位	数量	备注
1	架空引下线						规格参数按具体物料选择
2	跌落式熔断器		FF	HRW12-12/100	只	3	熔断器按变压器模块容量配置
3	避雷器		FB1	HY5WBG-17/50	只	3	
4	变压器模块		T	100kVA或50kVA	台	1	选用S13及以上节能型变压器
5	综合配电箱	电流互感器	TA1	计量选用0.2S	只	3	
		电流互感器	TA2	测量选用0.5级	只	3	
		浪涌保护器	SPD	T1级	套	1	
		熔断器式隔离开关	QS1	10kVA选用200A，3P	组	1	带200A熔芯
				50kVA选用125A，3P	组	1	带125A熔芯
		断路器 (带剩余电流动作保护)	2~3QF	100kVA选用100A/3P+N	只	2	$I_{cu}\geqslant$20kA
				50kVA选用63A/3P+N	只	2	$I_{cu}\geqslant$10kA
		智能配变终端		满足规范要求	组	1	

图 3-1 电气主接线图（一）（YZA-2-D1-01-01）

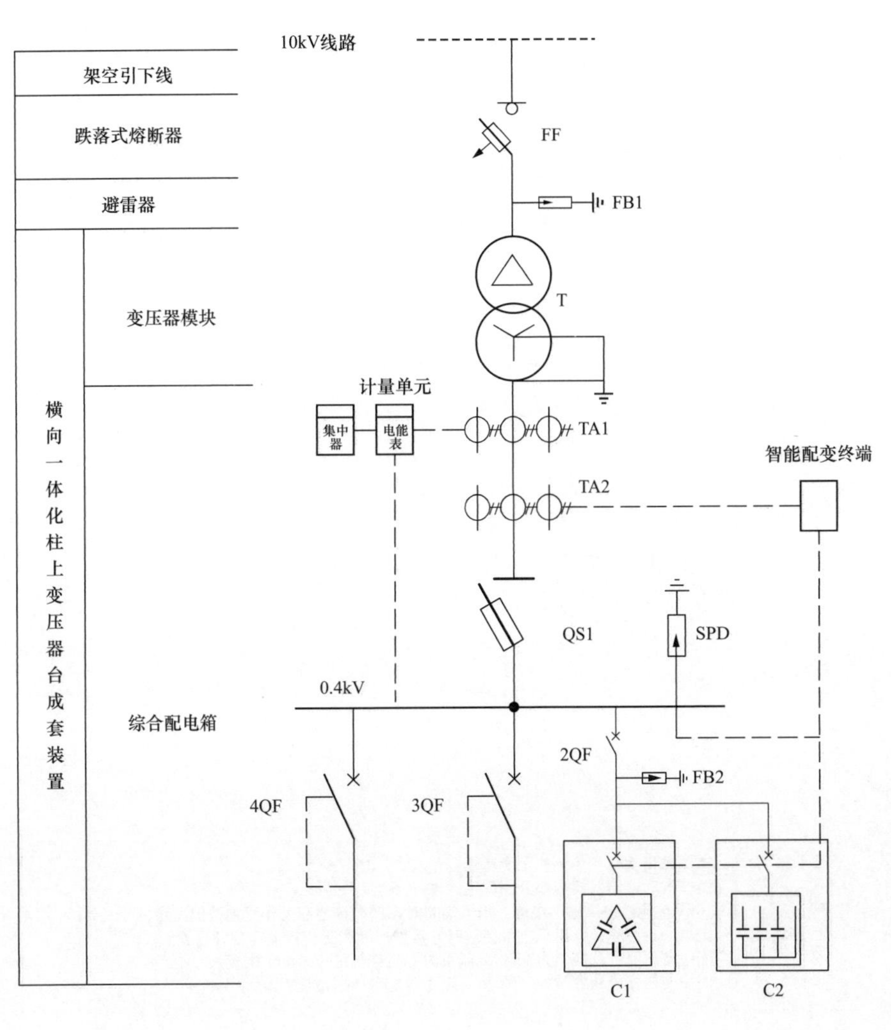

项目	名 称		代 号	规 格 参 数	单 位	数 量	备 注
1	架空引下线						规格参数按具体物料选择
2	跌落式熔断器		FF	HRW12-12/100	只	3	熔断器按变压器模块容量配置
3	避雷器		FB1	HY5WBG-17/50	只	3	
4	变压器模块		T	400kVA或200kVA	套	1	选用S13及以上节能型变压器
5	综合配电箱	电流互感器	TA1	计量用0.2S	只	3	
		电流互感器	TA2	测量用0.5级	只	3	
		浪涌保护器	SPD	T1级	套	1	
		熔断器式隔离开关	QS1	400kVA选用630A,3P	组	1	带630A熔芯
				200kVA选用400A,3P	组	1	带400A熔芯
		断路器（带剩余电流动作保护）	3~4QF	400kVA选用400A/3P+N	只	2	$I_{cu}\geqslant$35kA
				200kVA选用250A/3P+N	只	2	$I_{cu}\geqslant$20kA
		断路器	2QF		只	1	按需求配置
		低压避雷器	FB2		只	3	
		智能电容补偿(共补)	C1	400kVA按3×10+3×20kvar配置	组	1	
				200kVA按5+2×10+20kvar配置	组	1	
		智能电容补偿(分补)	C2	400kVA按10+20kvar配置	组	1	
				200kVA按5+10kvar配置	组	1	
		智能配变终端		满足规范要求	组	1	

图 3-2　电气主接线图（二）（YZA-2-D1-01-02）

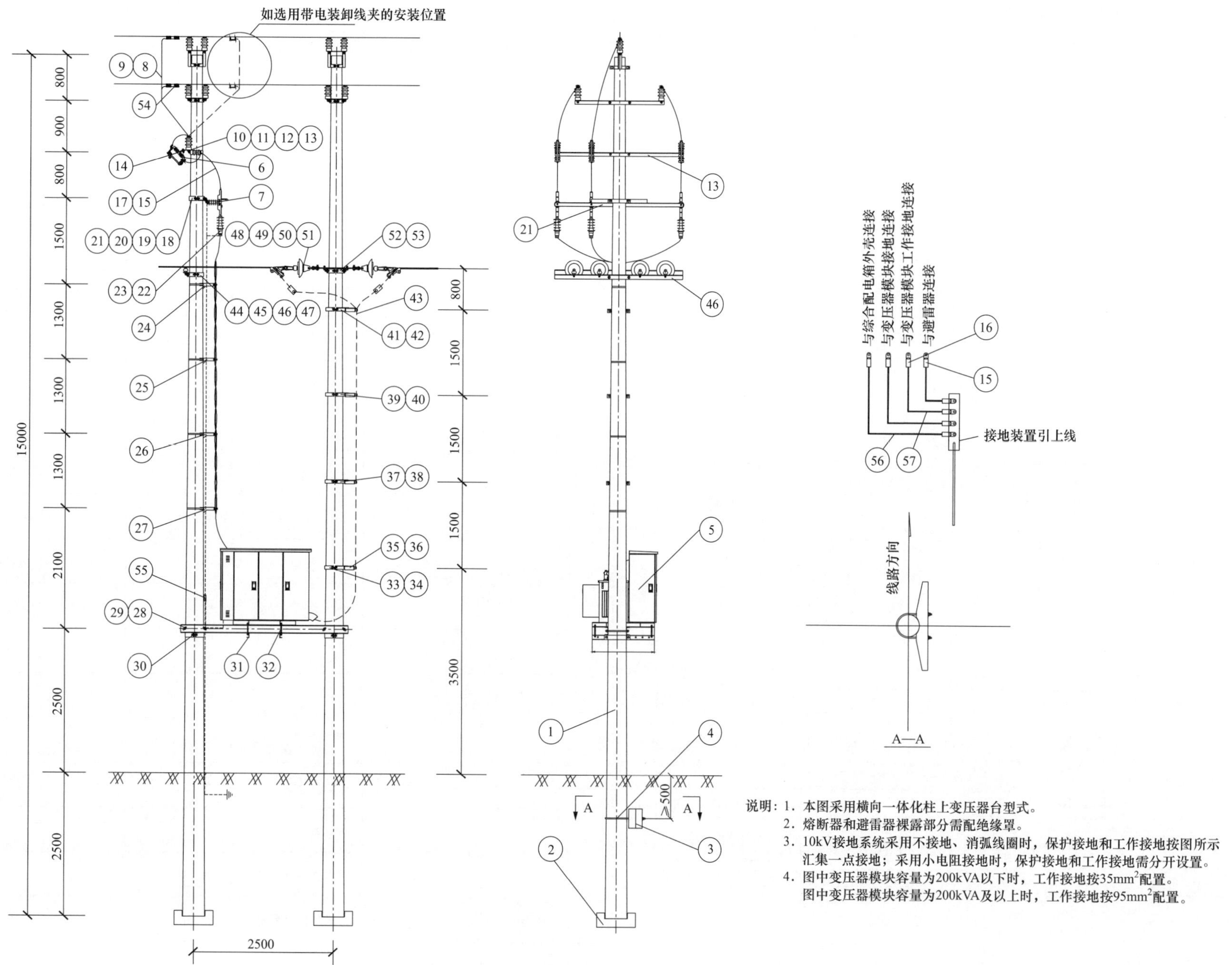

说明：1．本图采用横向一体化柱上变压器台型式。
2．熔断器和避雷器裸露部分需配绝缘罩。
3．10kV接地系统采用不接地、消弧线圈时，保护接地和工作接地按图所示汇集一点接地；采用小电阻接地时，保护接地和工作接地需分开设置。
4．图中变压器模块容量为200kVA以下时，工作接地按35mm²配置。
图中变压器模块容量为200kVA及以上时，工作接地按95mm²配置。

图 3-3　杆型图（15m 双杆）（YZA-2-ZL-D1-02-01）

材料类别	编号	名　称	型　号	单位	数量	图　号	物料编码	备　注
电杆类	①	电杆	190×15m×M	根	2		500013974	
	②	底盘	DP-6	块	2			可选
	③	卡盘	KP12	块	2	JC-YZ-01	500027391	可选
	④	卡盘U型抱箍	U22-370	只	2			可选
设备类	⑤	横向一体化柱上变压器台成套装置		台	1			按实际情况选用
	⑥	跌落式熔断器	100A	只	3		500007914	熔丝按变压器模块容量配置；可选封闭型；带绝缘罩
	⑦	支柱式避雷器	HY5WBG-17/50	台	3		500027151	配绝缘罩
成套附件类	⑧	高压绝缘线	JKLYJ-10/50	m	8		500014672	熔断器前使用
	⑨	接线端子	DT-50，铜镀锡	个	3			
	⑩	柱式瓷瓶	R5ET105L	只	6			
	⑪	半圆抱箍	BG6-220	个	1	TJ-BG-02	500018864	
	⑫	半圆横担抱箍	HBG6-220	个	1	TJ-BG-04	500019098	
	⑬	横担	HD7-2300	个	1	TJ-HD-03	500126951	可选绝缘横担
	⑭	熔断器安装架	RJ7-170	块	3	TJ-ZJ-01	500019880	
	⑮	接线端子	DT-35	个	9			
	⑯A	接线端子	DT-35	个	2			变压器模块容量200kVA以下选用
	⑯B	接线端子	DT-95	个	2			变压器模块容量200kVA及以上选用
	⑰	高压绝缘线	JKTRYJ-10/35	m	6			熔断器后使用
	⑱	半圆抱箍	BG6-240	个	1	TJ-BG-02	500018831	
	⑲	半圆横担抱箍	HBG6-240	个	1	TJ-BG-04	500018892	
	⑳	杆上避雷器横担	BHD6-1000	个	1	TJ-HD-04		
	㉑	横担	HD7-2300	个	1	TJ-HD-03	500126951	可选绝缘横担
	㉒	高压软电缆	截面积$35mm^2$	m	8			含肘型电缆插头
	㉓	户外预制式电缆终端	截面积$35mm^2$	只	3			
	㉔	扎带型抱箍	ZBG6-230	个	1	TJ-BG-05		
	㉕	扎带型抱箍	ZBG6-250	个	1	TJ-BG-05		
	㉖	扎带型抱箍	ZBG6-270	个	1	TJ-BG-05		
	㉗	扎带型抱箍	ZBG6-290	个	1	TJ-BG-05		
	㉘	变压器双杆支持架	[14-3000	副	1	TJ-ZJ-03	500035224	
	㉙	双头螺杆	M20×400	根	4	TJ-QT-01	500013166	配双螺母、平垫、弹垫
	㉚	半圆抱箍	BG8-320	块	4	TJ-BG-03	500018784	
	㉛	变压器固定支架	SPJ8-1120	根	2	TJ-ZJ-08		配双螺母、平垫、弹垫
	㉜	双头螺杆	M16×220	根	4	TJ-QT-01		

材料类别	编号	名　称	型　号	单位	数量	图　号	物料编码	备　注
其他类	㉝	半圆横担抱箍	HBG6-320	块	1	TJ-BG-04	500019101	
	㉞	半圆抱箍	BG6-320	块	1	TJ-BG-02	500019007	
	㉟	杆上双电缆固定架	DLJ5-165	块	4	TJ-ZJ-07	500055071	按实际情况选用
	㊱	电缆卡抱		块	8	TJ-BG-01		按实际情况选用
	㊲	半圆横担抱箍	HBG6-300	块	1	TJ-BG-04	500019100	
	㊳	半圆抱箍	BG6-300	块	1	TJ-BG-02	500018832	配双螺母、平垫、弹垫
	㊴	半圆横担抱箍	HBG6-280	块	1	TJ-BG-04	500018893	
	㊵	半圆抱箍	BG6-280	块	1	TJ-BG-02	500019006	
	㊶	半圆横担抱箍	HBG6-260	块	1	TJ-BG-04	500019099	
	㊷	半圆抱箍	BG6-260	块	1	TJ-BG-02	500019005	
	㊸	低压电缆或低压绝缘线	设计选定	m	按需			
	㊹	半圆抱箍	BG6-240	个	1	TJ-BG-02	500018831	
	㊺	半圆横担抱箍	HBG6-240	个	1	TJ-BG-04	500018892	
	㊻	横担	HD7-2300	个	1	TJ-HD-03	500126951	
	㊼	蝶式瓷瓶	ED-1	只	4		500017324	
	㊽	挂线联铁	LT7-580G	块	4	TJ-LT-01	500123916	选装
	㊾	低压耐张串		串	8			
	㊿	低压电缆终端	设计选定	只	8			
	51	设备线夹	SLG-3	只	8			
	52	半圆横担抱箍	HBG6-240	块	2	TJ-BG-04	500018892	
	53	横担	HD7-2300	个	2	TJ-HD-03	500126951	
	54	绝缘并沟线夹	LH31	副	6		500052217	弹射楔型、螺栓J、C型线夹可选
	55	接地装置		副	1			
	56	布电线	BV-35	m	12			
	57A	布电线	BV-35	m	3			变压器模块容量200kVA以下选用
	57B	布电线	BV-95	m	3			变压器模块容量200kVA及以上选用
		螺栓	M16×45	件	43			配平垫、弹垫、螺母
		螺栓	M16×70	件	28			配平垫、弹垫、螺母
		螺栓	M20×100	件	8			配平垫、弹垫、螺母
		螺栓	M12×40	件	12			配平垫、弹垫、螺母
		螺母	M16	件	28			配平垫、弹垫

图 3-4　物料清单（15m 双杆）（YZA-2-ZL-D1-03-01）

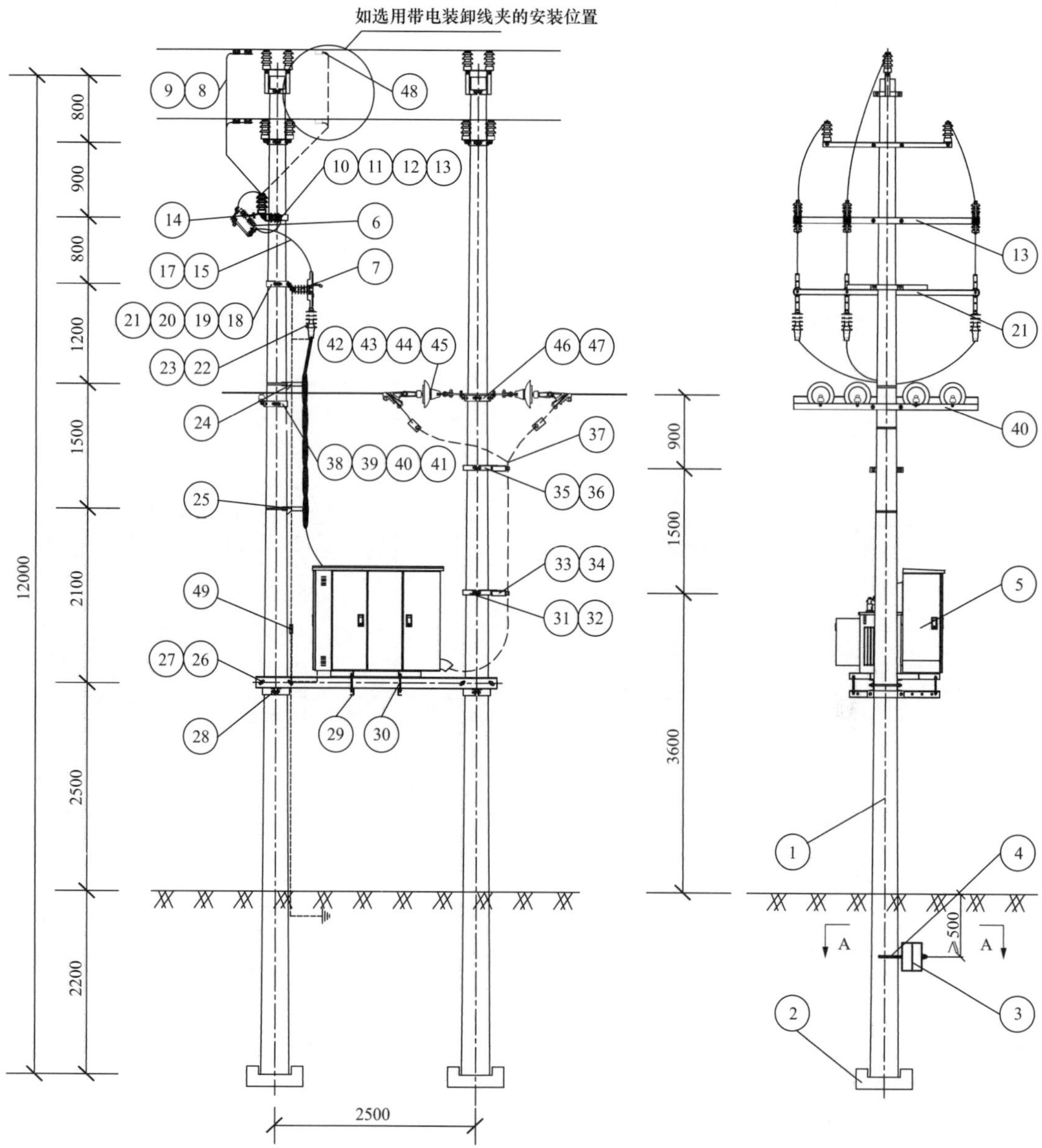

如选用带电装卸线夹的安装位置

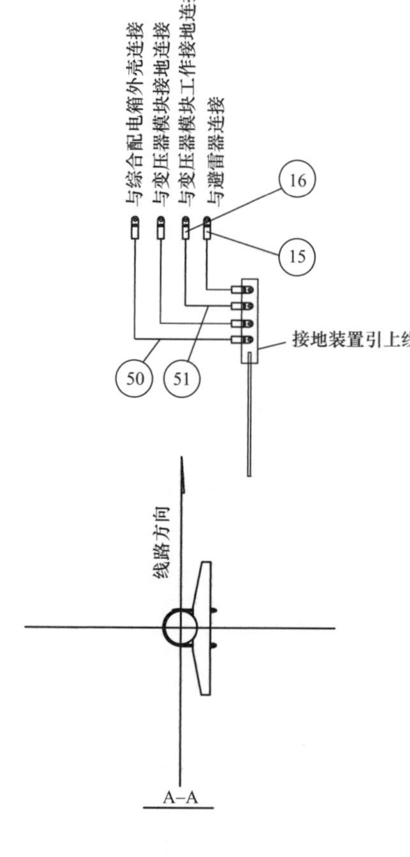

说明:

1. 本图采用横向一体化柱上变压器台型式。
2. 熔断器和避雷器裸露部分需配绝缘罩。
3. 10kV接地系统采用不接地、消弧线圈时，保护接地和工作接地按图所示汇集一点接地；采用小电阻接地时，保护接地和工作接地需分开设置。
4. 图中变压器模块容量为200kVA以下时，工作接地按35mm^{2}配置。
   图中变压器模块容量为200kVA及以上时，工作接地按95mm^{2}配置。

图 3-5 杆型图（12m 双杆）（YZA-2-ZL-D1-02-02）

材料类别	编号	名　称	型　号	单位	数量	图　号	物料编码	备　注
电杆类	①	电杆	190×12m×M	根	2		500013972	
	②	底盘	DP-6	块	2			可选
	③	卡盘	KP12	块	2	JC-YZ-01	500027391	可选
	④	卡盘U型抱箍	U22-370	只	2			可选
设备类	⑤	横向一体化柱上变压器台成套装置		台	1			按实际情况选用
	⑥	跌落式熔断器	100A	只	3		500007914	熔丝按变压器模块容量配置；可选封闭型；带绝缘罩
	⑦	支柱式避雷器	HY5WBG-17/50	台	3		500027151	配绝缘罩
成套附件类	⑧	高压绝缘线	JKLYJ-10/50	m	8		500014672	熔断器前使用
	⑨	接线端子	DT-50，铜镀锡	个	3			
	⑩	柱式瓷瓶	R5ET105L	只	6			
	⑪	半圆抱箍	BG6-220	个	1	TJ-BG-02	500018864	
	⑫	半圆横担抱箍	HBG6-220	个	1	TJ-BG-04	500019098	
	⑬	横担	HD7-2300	个	1	TJ-HD-03	500126951	可选绝缘横担
	⑭	熔断器安装架	RJ7-170	块	3	TJ-ZJ-01	500019880	
	⑮	接线端子	DT-35	个	9			
	⑯A	接线端子	DT-35	个	2			变压器模块容量200kVA以下选用
	⑯B	接线端子	DT-95	个	2			变压器模块容量200kVA及以上选用
	⑰	高压绝缘线	JKTRYJ-10/35	m	6			熔断器后使用
	⑱	半圆抱箍	BG6-240	个	1	TJ-BG-02	500018831	
	⑲	半圆横担抱箍	HBG6-240	个	1	TJ-BG-04	500018892	
	⑳	杆上避雷器横担	BHD6-1000	个	1	TJ-HD-04		
	㉑	横担	HD7-2300	个	1	TJ-HD-03	500126951	可选绝缘横担
	㉒	高压软电缆	**截面积35mm^2**	m	6			含肘型电缆插头
	㉓	户外预制式电缆终端	**截面积35mm^2**	只	3			
	㉔	扎带型抱箍	ZBG6-230	个	1	TJ-BG-05		
	㉕	扎带型抱箍	ZBG6-250	个	1	TJ-BG-05		
	㉖	变压器双杆支持架	[14-3000	副	1	TJ-ZJ-03	500035224	
	㉗	双头螺杆	M20×400	根	4	TJ-QT-01	500013166	配双螺母、平垫、弹垫
	㉘	半圆抱箍	BG8-300	块	4	TJ-BG-03	500018783	
	㉙	变压器固定支架	SPJ8-1120	根	2	TJ-ZJ-08		
	㉚	双头螺杆	M16×220	根	4	TJ-QT-01		配双螺母、平垫、弹垫
	㉛	半圆横担抱箍	HBG6-280	块	1	TJ-BG-04	500018893	
	㉜	半圆抱箍	BG6-280	块	1	TJ-BG-02	500019006	

材料类别	编号	名　称	型　号	单位	数量	图　号	物料编码	备　注
其他类	㉝	杆上双电缆固定架	DLJ5-165	块	2	TJ-ZJ-07	500055071	按实际情况选用
	㉞	电缆卡抱		块	4	TJ-BG-01		按实际情况选用
	㉟	半圆横担抱箍	HBG6-260	块	1	TJ-BG-04	500019099	
	㊱	半圆抱箍	BG6-260	块	1	TJ-BG-02	500019005	
	㊲	低压电缆或低压绝缘线	设计选定	m	按需			
	㊳	半圆抱箍	BG6-240	个	1	TJ-BG-02	500018831	
	㊴	半圆横担抱箍	HBG6-240	个	1	TJ-BG-04	500018892	
	㊵	横担	HD7-2300	个	1	TJ-HD-03	500126951	
	㊶	蝶式瓷瓶	ED-1	只	4		500017324	
	㊷	挂线联铁	LT7-580G	块	4	TJ-LT-01	500123916	选装
	㊸	低压耐张串		串	8			
	㊹	低压电缆终端	设计选定	只	8			
	㊺	设备线夹	SLG-3	只	8			
	㊻	半圆横担抱箍	HBG6-240	块	2	TJ-BG-04	500018892	
	㊼	横担	HD7-2300	个	2	TJ-HD-03	500126951	
	㊽	绝缘并沟线夹	LH31	副	6		500052217	弹射楔型、螺栓J、C型线夹可选
	㊾	接地装置		副	1			
	㊿	布电线	BV-35	m	12			
	(51A)	布电线	BV-35	m	3			变压器模块容量200kVA以下选用
	(51B)	布电线	BV-95	m	3			变压器模块容量200kVA及以上选用
		螺栓	M16×45	件	31			配平垫、弹垫、螺母
		螺栓	M16×70	件	24			配平垫、弹垫、螺母
		螺栓	M20×100	件	8			配平垫、弹垫、螺母
		螺栓	M12×40	件	12			配平垫、弹垫、螺母
		螺母	M16	件	28			配平垫、弹垫

图 3-6　物料清单（12m 双杆）（YZA-2-ZL-D1-03-02）

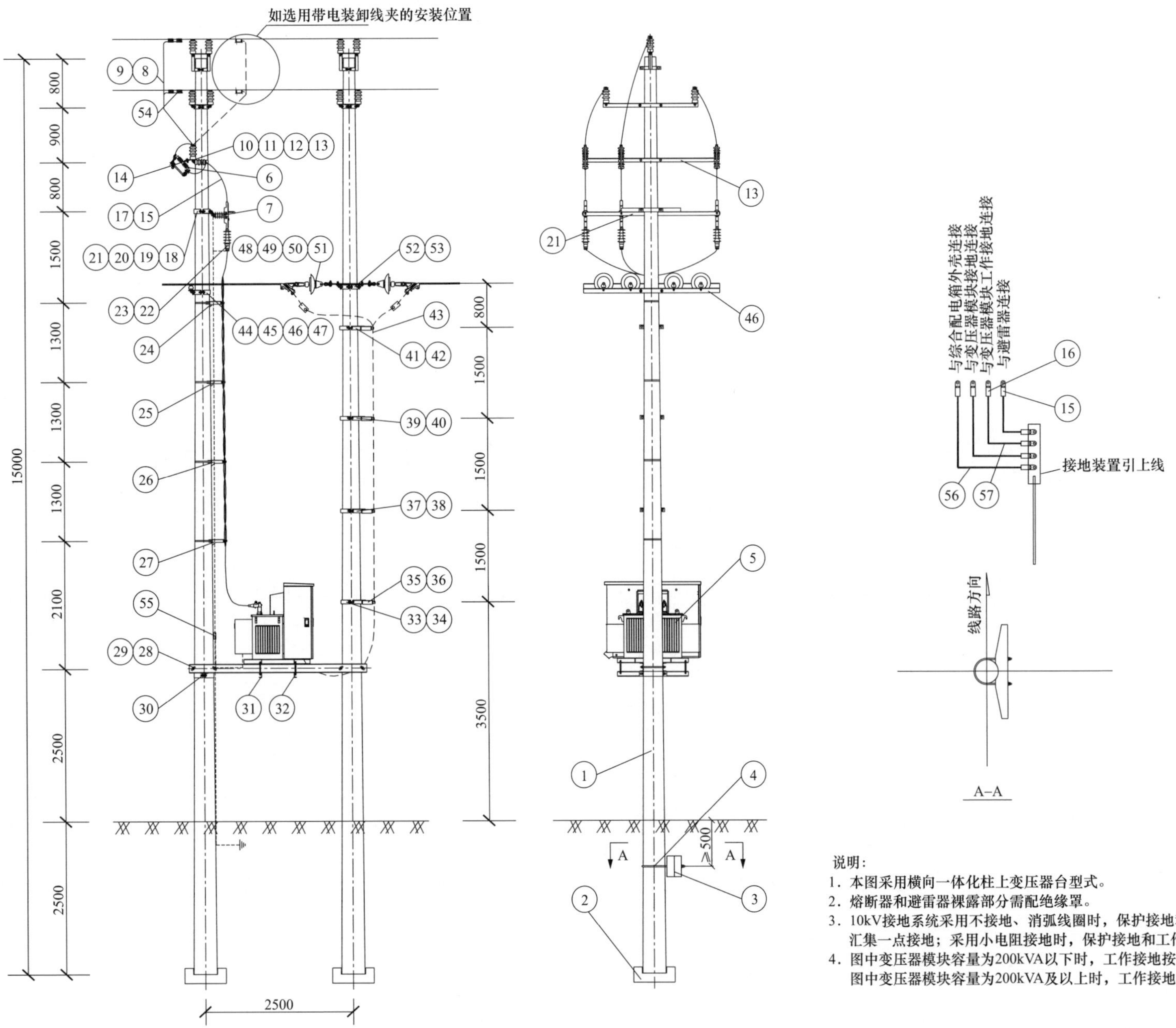

如选用带电装卸线夹的安装位置

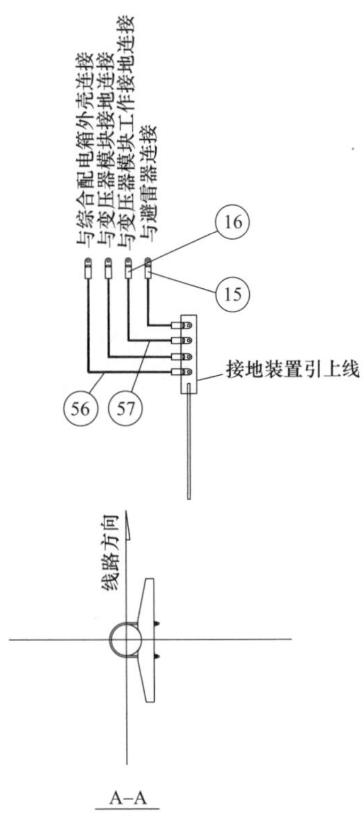

说明：

1．本图采用横向一体化柱上变压器台型式。
2．熔断器和避雷器裸露部分需配绝缘罩。
3．10kV接地系统采用不接地、消弧线圈时，保护接地和工作接地按图所示汇集一点接地；采用小电阻接地时，保护接地和工作接地需分开设置。
4．图中变压器模块容量为200kVA以下时，工作接地按35mm²配置。
图中变压器模块容量为200kVA及以上时，工作接地按95mm²配置。

图 3-7　杆型图（15m双杆）（YZA-2-CL-D1-02-03）

材料类别	编号	名　称	型　号	单位	数量	图　号	物料编码	备　注
电杆类	①	电杆	190×15m×M	根	2		500013974	
	②	底盘	DP-6	块	2			可选
	③	卡盘	KP12	块	2	JC-YZ-01	500027391	可选
	④	卡盘U型抱箍	U22-370	只	2			可选
设备类	⑤	横向一体化柱上变压器台成套装置		台	1			按实际情况选用
	⑥	跌落式熔断器	100A	只	3		500007914	熔丝按变压器模块容量配置；可选封闭型；带绝缘罩
	⑦	支柱式避雷器	HY5WBG-17/50	台	3		500027151	配绝缘罩
成套附件类	⑧	高压绝缘线	JKLYJ-10/50	m	8		500014672	熔断器前使用
	⑨	接线端子	DT-50，铜镀锡	个	3			
	⑩	柱式瓷瓶	R5ET105L	只	6			
	⑪	半圆抱箍	BG6-220	个	1	TJ-BG-02	500018864	
	⑫	半圆横担抱箍	HBG6-220	个	1	TJ-BG-04	500019098	
	⑬	横担	HD7-2300	个	1	TJ-HD-03	500126951	可选绝缘横担
	⑭	熔断器安装架	RJ7-170	块	3	TJ-ZJ-01	500019880	
	⑮	接线端子	DT-35	个	9			
	16A	接线端子	DT-35	个	2			变压器模块容量200kVA以下选用
	16B	接线端子	DT-95	个	2			变压器模块容量200kVA及以上选用
	⑰	高压绝缘线	JKTRYJ-10/35	m	6			熔断器后使用
	⑱	半圆抱箍	BG6-240	个	1	TJ-BG-02	500018831	
	⑲	半圆横担抱箍	HBG6-240	个	1	TJ-BG-04	500018892	
	⑳	杆上避雷器横担	BHD6-1000	个	1	TJ-HD-04		
	㉑	横担	HD7-2300	个	1	TJ-HD-03	500126951	可选绝缘横担
	㉒	高压软电缆	**截面积35mm^2**	m	8			含肘型电缆插头
	㉓	户外预制式电缆终端	**截面积35mm^2**	只	3			
	㉔	扎带型抱箍	ZBG6-230	个	1	TJ-BG-05		
	㉕	扎带型抱箍	ZBG6-250	个	1	TJ-BG-05		
	㉖	扎带型抱箍	ZBG6-270	个	1	TJ-BG-05		
	㉗	扎带型抱箍	ZBG6-290	个	1	TJ-BG-05		
	㉘	变压器双杆支持架	[14-3000	副	1	TJ-ZJ-03	500035224	
	㉙	双头螺杆	M20×400	根	4	TJ-QT-01	500013166	配双螺母、平垫、弹垫
	㉚	半圆抱箍	BG8-320	块	4	TJ-BG-03	500018784	
	㉛	变压器固定支架	SPJ8-1120	根	2	TJ-ZJ-08		配双螺母、平垫、弹垫
	㉜	双头螺杆	M16×220	根	4	TJ-QT-01		

材料类别	编号	名　称	型　号	单位	数量	图　号	物料编码	备　注
其他类	㉝	半圆横担抱箍	HBG6-320	块	1	TJ-BG-04	500019101	
	㉞	半圆抱箍	BG6-320	块	1	TJ-BG-02	500019007	
	㉟	杆上双电缆固定架	DLJ5-165	块	4	TJ-ZJ-07	500055071	按实际情况选用
	㊱	电缆卡抱		块	8	TJ-BG-01		按实际情况选用
	㊲	半圆横担抱箍	HBG6-300	块	1	TJ-BG-04	500019100	
	㊳	半圆抱箍	BG6-300	块	1	TJ-BG-02	500018832	配双螺母、平垫、弹垫
	㊴	半圆横担抱箍	HBG6-280	块	1	TJ-BG-04	500018893	
	㊵	半圆抱箍	BG6-280	块	1	TJ-BG-02	500019006	
	㊶	半圆横担抱箍	HBG6-260	块	1	TJ-BG-04	500019099	
	㊷	半圆抱箍	BG6-260	块	1	TJ-BG-02	500019005	
	㊸	低压电缆或低压绝缘线	设计选定	m	按需			
	㊹	半圆抱箍	BG6-240	个	1	TJ-BG-02	500018831	
	㊺	半圆横担抱箍	HBG6-240	个	1	TJ-BG-04	500018892	
	㊻	横担	HD7-2300	个	1	TJ-HD-03	500126951	
	㊼	蝶式瓷瓶	ED-1	只	4		500017324	
	㊽	挂线联铁	LT7-580G	块	4	TJ-LT-01	500123916	选装
	㊾	低压耐张串		串	8			
	㊿	低压电缆终端	设计选定	只	8			
	51	设备线夹	SLG-3	只	8			
	52	半圆横担抱箍	HBG6-240	块	2	TJ-BG-04	500018892	
	53	横担	HD7-2300	个	2	TJ-HD-03	500126951	
	54	绝缘并沟线夹	LH31	副	6		500052217	弹射楔型、螺栓J、C型线夹可选
	55	接地装置		副	1			
	56	布电线	BV-35	m	12			
	57A	布电线	BV-35	m	3			变压器模块容量200kVA以下选用
	57B	布电线	BV-95	m	3			变压器模块容量200kVA及以上选用
		螺栓	M16×45	件	43			配平垫、弹垫、螺母
		螺栓	M16×70	件	28			配平垫、弹垫、螺母
		螺栓	M20×100	件	8			配平垫、弹垫、螺母
		螺栓	M12×40	件	12			配平垫、弹垫、螺母
		螺母	M16	件	28			配平垫、弹垫

图 3-8　物料清单（15m 双杆）（YZA-2-CL-D1-03-03）

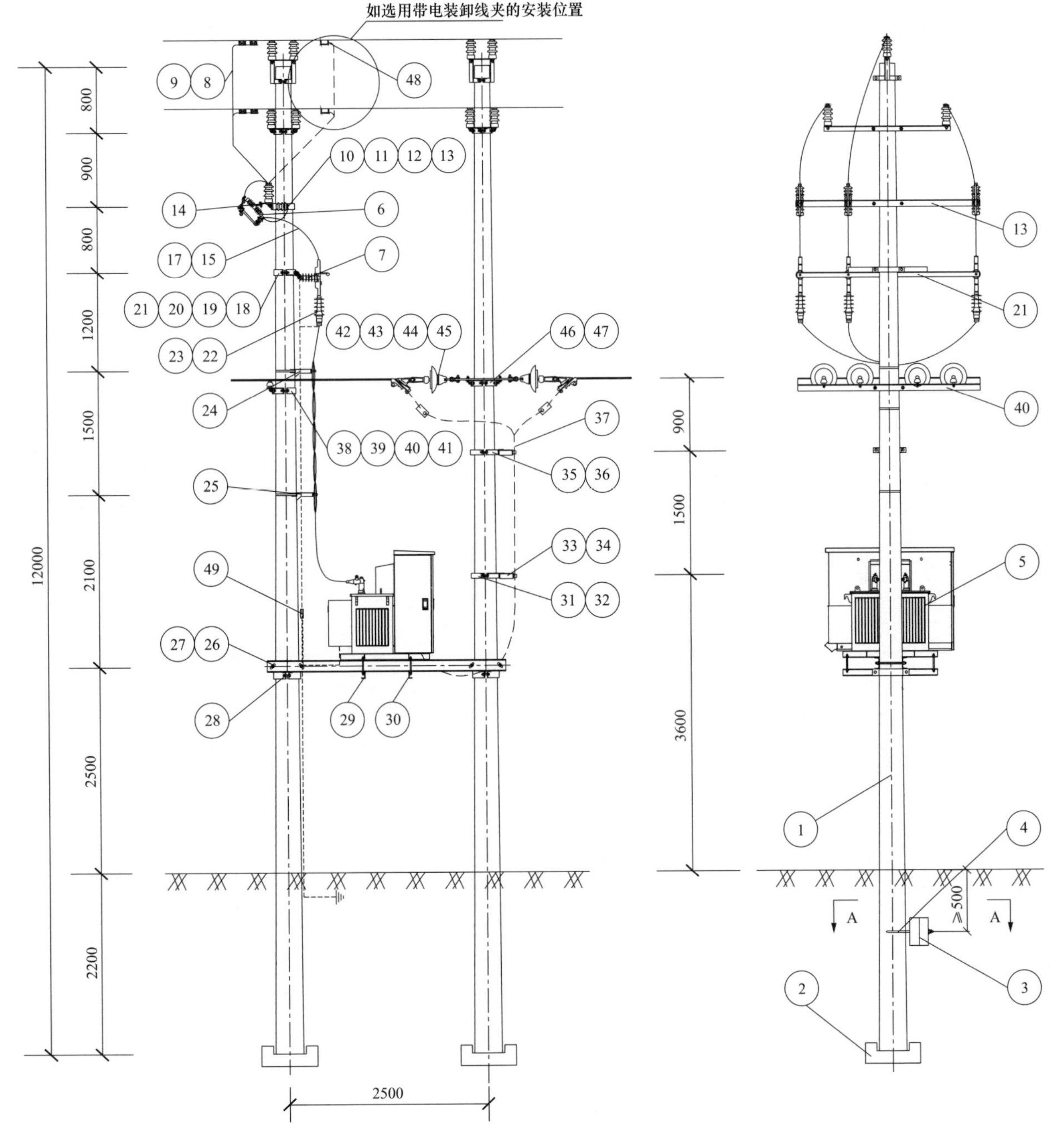

与综合配电箱外壳连接
与变压器模块接地连接
与变压器模块工作接地连接
与避雷器连接
接地装置引上线
线路方向
A—A

图 3-9　杆型图（12m 双杆）（YZA-2-CL-D1-02-04）

说明：

1. 本图采用横向一体化柱上变压器台型式。
2. 熔断器和避雷器裸露部分需配绝缘罩。
3. 10kV接地系统采用不接地、消弧线圈时，保护接地和工作接地按图所示汇集一点接地；采用小电阻接地时，保护接地和工作接地需分开设置。
4. 图中变压器模块容量为200kVA以下时，工作接地按35mm^{2}配置。
   图中变压器模块容量为200kVA及以上时，工作接地按95mm^{2}配置。

材料类别	编号	名　称	型　号	单位	数量	图　号	物料编码	备　注
电杆类	①	电杆	190×12m×M	根	2		500013972	
	②	底盘	DP-6	块	2			可选
	③	卡盘	KP12	块	2	JC-YZ-01	500027391	可选
	④	卡盘U型抱箍	U22-370	只	2			可选
设备类	⑤	横向一体化柱上变压器台成套装置		台	1			按实际情况选用
	⑥	跌落式熔断器	100A	只	3		500007914	熔丝按变压器模块容量配置；可选封闭型；带绝缘罩
	⑦	支柱式避雷器	HY5WBG-17/50	台	3		500027151	配绝缘罩
成套附件类	⑧	高压绝缘线	JKLYJ-10/50	m	8		500014672	熔断器前使用
	⑨	接线端子	DT-50，铜镀锡	个	3			
	⑩	柱式瓷瓶	R5ET105L	只	6			
	⑪	半圆抱箍	BG6-220	个	1	TJ-BG-02	500018864	
	⑫	半圆横担抱箍	HBG6-220	个	1	TJ-BG-04	500019098	
	⑬	横担	HD7-2300	个	1	TJ-HD-03	500126951	可选绝缘横担
	⑭	熔断器安装架	RJ7-170	块	3	TJ-ZJ-01	500019880	
	⑮	接线端子	DT-35	个	9			
	16A	接线端子	DT-35	个	2			变压器模块容量200kVA以下选用
	16B	接线端子	DT-95	个	2			变压器模块容量200kVA及以上选用
	⑰	高压绝缘线	JKTRYJ-10/35	m	6			熔断器后使用
	⑱	半圆抱箍	BG6-240	个	1	TJ-BG-02	500018831	
	⑲	半圆横担抱箍	HBG6-240	个	1	TJ-BG-04	500018892	
	⑳	杆上避雷器横担	BHD6-1000	个	1	TJ-HD-04		
	㉑	横担	HD7-2300	个	1	TJ-HD-03	500126951	可选绝缘横担
	㉒	高压软电缆	**截面积$35mm^2$**	m	6			含肘型电缆插头
	㉓	户外预制式电缆终端	**截面积$35mm^2$**	只	3			
	㉔	扎带型抱箍	ZBG6-230	个	1	TJ-BG-05		
	㉕	扎带型抱箍	ZBG6-250	个	1	TJ-BG-05		
	㉖	变压器双杆支持架	[14-3000	副	1	TJ-ZJ-03	500035224	
	㉗	双头螺杆	M20×400	根	4	TJ-QT-01	500013166	配双螺母、平垫、弹垫
	㉘	半圆抱箍	BG8-300	块	4	TJ-BG-03	500018783	
	㉙	变压器固定支架	SPJ8-1120	根	2	TJ-ZJ-08		
	㉚	双头螺杆	M16×220	根	4	TJ-QT-01		配双螺母、平垫、弹垫
	㉛	半圆横担抱箍	HBG6-280	块	1	TJ-BG-04	500018893	
	㉜	半圆抱箍	BG6-280	块	1	TJ-BG-02	500019006	

材料类别	编号	名　称	型　号	单位	数量	图　号	物料编码	备　注
其他类	㉝	杆上双电缆固定架	DLJ5-165	块	2	TJ-ZJ-07	500055071	按实际情况选用
	㉞	电缆卡抱		块	4	TJ-BG-01		按实际情况选用
	㉟	半圆横担抱箍	HBG6-260	块	1	TJ-BG-04	500019099	
	㊱	半圆抱箍	BG6-260	块	1	TJ-BG-02	500019005	
	㊲	低压电缆或低压绝缘线	设计选定	m	按需			
	㊳	半圆抱箍	BG6-240	个	1	TJ-BG-02	500018831	
	㊴	半圆横担抱箍	HBG6-240	个	1	TJ-BG-04	500018892	
	㊵	横担	HD7-2300	个	1	TJ-HD-03	500126951	
	㊶	蝶式瓷瓶	ED-1	只	4		500017324	
	㊷	挂线联铁	LT7-580G	块	4	TJ-LT-01	500123916	选装
	㊸	低压耐张串		串	8			
	㊹	低压电缆终端	设计选定	只	8			
	㊺	设备线夹	SLG-3	只	8			
	㊻	半圆横担抱箍	HBG6-240	块	2	TJ-BG-04	500018892	
	㊼	横担	HD7-2300	个	2	TJ-HD-03	500126951	
	㊽	绝缘并沟线夹	LH31	副	6		500052217	弹射楔型、螺栓J、C型线夹可选
	㊾	接地装置		副	1			
	㊿	布电线	BV-35	m	12			
	51A	布电线	BV-35	m	3			变压器模块容量200kVA以下选用
	51B	布电线	BV-95	m	3			变压器模块容量200kVA及以上选用
		螺栓	M16×45	件	31			配平垫、弹垫、螺母
		螺栓	M16×70	件	24			配平垫、弹垫、螺母
		螺栓	M20×100	件	8			配平垫、弹垫、螺母
		螺栓	M12×40	件	12			配平垫、弹垫、螺母
		螺母	M16	件	28			配平垫、弹垫

图 3-10　物料清单（12m 双杆）（YZA-2-CL-D1-03-04）

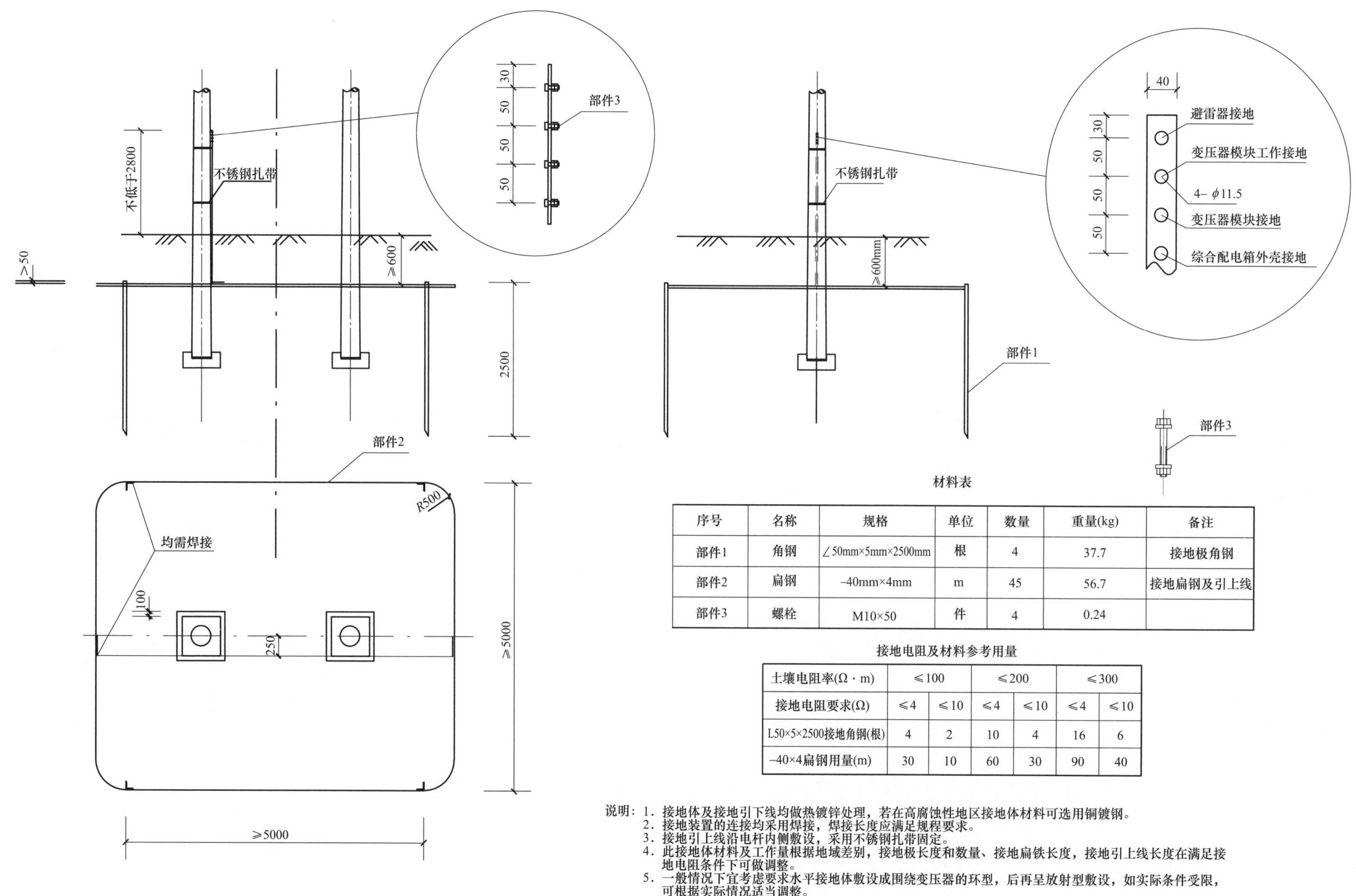

材料表

序号	名称	规格	单位	数量	重量(kg)	备注
部件1	角钢	∠50mm×5mm×2500mm	根	4	37.7	接地极角钢
部件2	扁钢	-40mm×4mm	m	45	56.7	接地扁钢及引上线
部件3	螺栓	M10×50	件	4	0.24	

接地电阻及材料参考用量

土壤电阻率(Ω·m)	≤100		≤200		≤300	
接地电阻要求(Ω)	≤4	≤10	≤4	≤10	≤4	≤10
L50×5×2500接地角钢(根)	4	2	10	4	16	6
-40×4扁钢用量(m)	30	10	60	30	90	40

说明：1. 接地体及接地引下线均做热镀锌处理，若在高腐蚀性地区接地体材料可选用铜镀钢。
2. 接地装置的连接均采用焊接，焊接长度应满足规程要求。
3. 接地引上线沿电杆内侧敷设，采用不锈钢扎带固定。
4. 此接地体材料及工作量根据地域差别，接地极长度和数量、接地扁铁长度，接地引上线长度在满足接地电阻条件下可做调整。
5. 一般情况下宜考虑要求水平接地体敷设成围绕变压器的环型，后再呈放射型敷设，如实际条件受限，可根据实际情况适当调整。
6. 水平接地体的敷设深度一般不小于0.6m，可耕种土地不少于0.8m。

图 3-11　接地体加工图（YZA-2-D1-04）

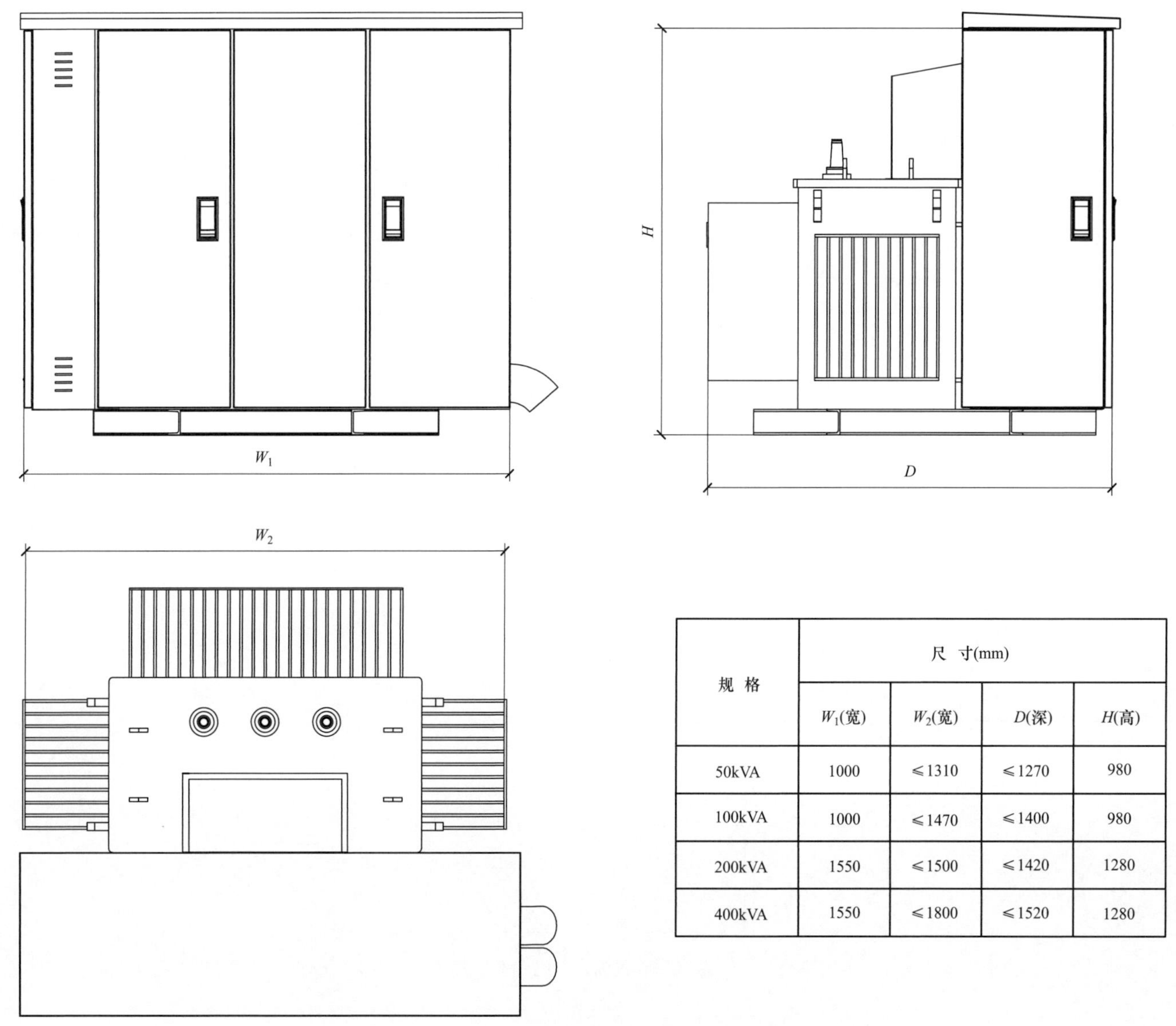

规 格	尺 寸(mm)			
	W_1(宽)	W_2(宽)	D(深)	H(高)
50kVA	1000	≤1310	≤1270	980
100kVA	1000	≤1470	≤1400	980
200kVA	1550	≤1500	≤1420	1280
400kVA	1550	≤1800	≤1520	1280

图 3-12　横向一体化柱上变压器台成套装置外形图（YZA-2-D1-05）

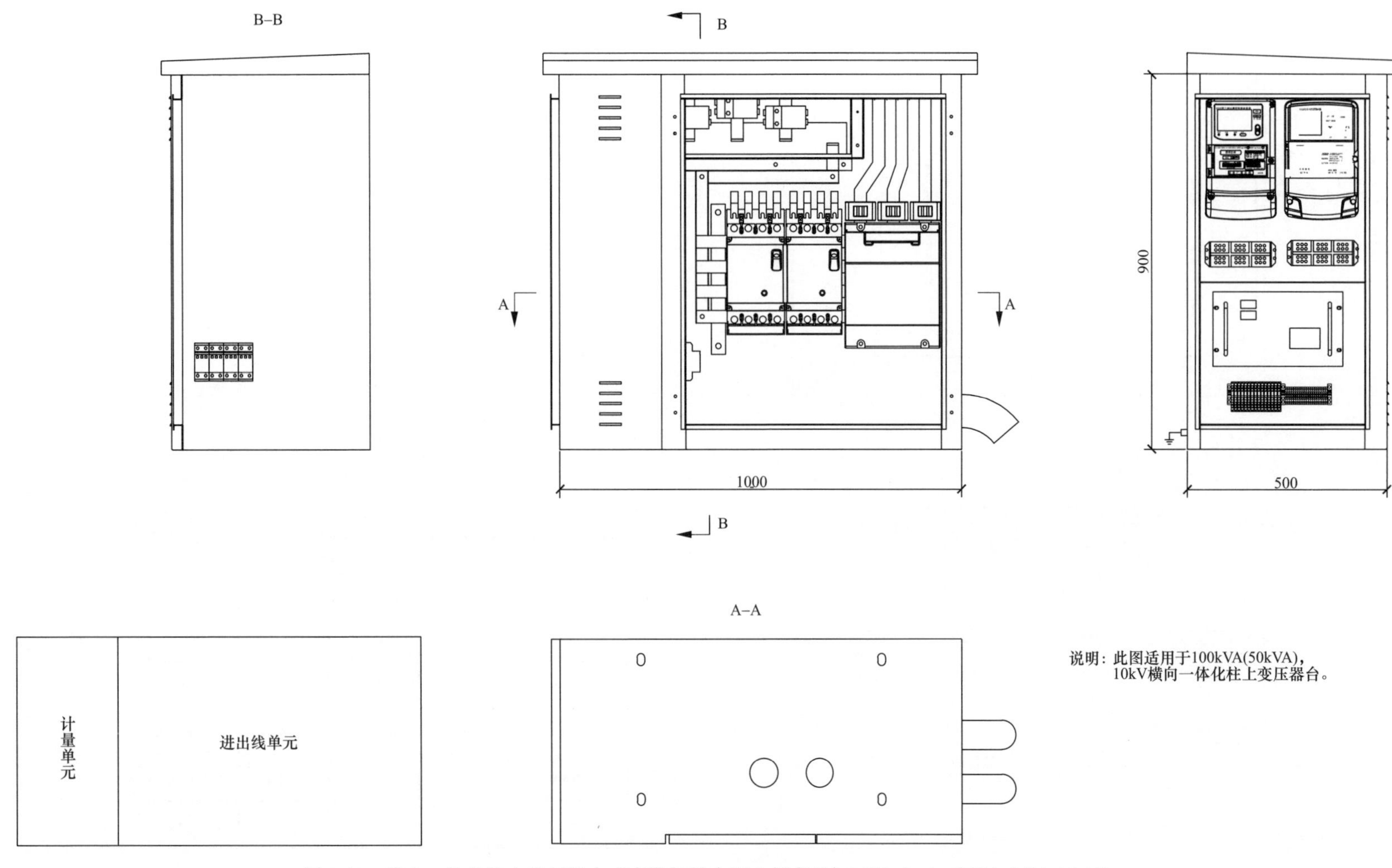

说明：此图适用于100kVA(50kVA)，
10kV横向一体化柱上变压器台。

图 3-13　横向一体化柱上变压器台成套装置综合配电箱布置加工图（一）（YZA-2-D1-06-01）

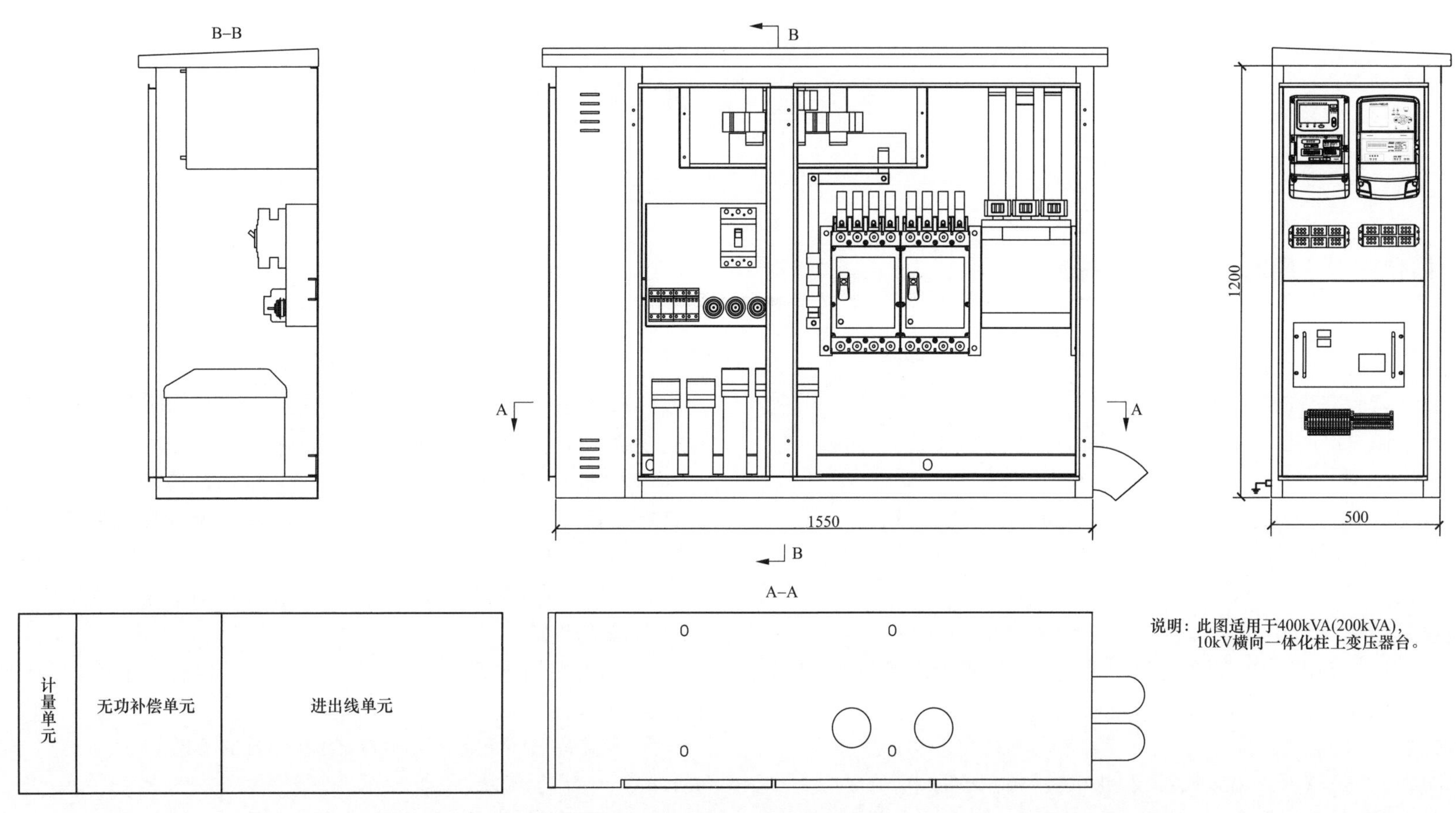

图 3-14　横向一体化柱上变压器台成套装置综合配电箱布置加工图（二）（YZA-2-D1-06-02）

4 检测技术规范

4.1 纵向一体化柱上变压器台检测技术规范

4.1.1 范围

本规范规定了纵向一体化柱上变压器台产品的系统条件、性能参数、性能要求、试验项目、试验方法的项目和要求。

本规范适用于国家电网公司经营区域内的纵向一体化柱上变压器台。

4.1.2 系统条件

本规范所规定的纵向一体化柱上变压器台，适用于下列配电网：

（1）系统标称电压：10kV/0.4kV。

（2）系统最高运行电压：12kV。

（3）系统额定频率：50Hz。

（4）系统中性接地方式：10kV 系统采用不接地、消弧线圈接地或小电阻接地；0.4kV 系统采用直接接地（TT 或 TN）。

4.1.3 性能参数

4.1.3.1 额定容量：50kVA、100kVA、200kVA、400kVA。

4.1.3.2 配电变压器高压侧分接范围：±2×2.5%或±5%。

4.1.3.3 配电变压器联结组标号：Dyn11 或 Yyn0。

4.1.3.4 低压配电模块进出线：综合配电箱采用绝缘母线系统结构 0.4kV 进线 1 回，馈线 2 回。0.4kV 进线选用熔断器式隔离开关；馈线宜采用断路器，其中 50kVA 综合配电箱馈线开关额定极限分断电流不小于 10kA，100kVA、200kVA 综合配电箱馈线开关额定极限分断电流不小于 20kA，400kVA 综合配电箱馈线开关额定极限分断电流不小于 35kA。

4.1.4 性能要求

4.1.4.1 总体要求

（1）纵向一体化柱上变压器台应采用自然通风方式冷却。

（2）所有箱门均应向外开启，箱门的开启角度应不小于 90°。

（3）纵向一体化柱上变压器台及其每个模块均应有起吊装置，起吊时应保证整个成套设备及模块在垂直方向受力均衡。

（4）纵向一体化柱上变压器台 10kV 选用跌落式熔断器或封闭型熔断器，其性能应符合 GB/T 15166.2 的规定，封闭型熔断器的性能应符合 GB/T 15166.3 的规定。

（5）高压进线侧应装有避雷器，避雷器选用支柱式避雷器，其性能应符合 GB 11032 的规定。

（6）10kV 侧选用架空绝缘导线或电缆，应符合 GB/T 12706.2 和 GB/T 12706.4 的规定。

注：如需采用其他组部件，均应符合相应标准的规定。

4.1.4.2 变压器模块

（1）变压器模块的性能参数应符合 GB 1094.1、GB 1094.2、GB 1094.3、GB 1094.5、GB/T 6451、GB/T 25446、GB/T 25438 和 GB 20052—2013、JB/T 3837—2010 的规定。

（2）变压器模块的空载损耗、负载损耗和总损耗不允许有正偏差，且能效等级应满足 GB 20052—2013 中表 1 的规定。

4.1.4.3 低压配电模块

（1）综合配电箱的性能参数应符合 GB 7251.1 的规定。

（2）计量单元由电流互感器、智能电能表和集中器组成，应满足供电计量部门的相关规定。

（3）综合配电箱应采用绝缘母线系统结构，进线应装设具有明显断开点的熔断器式隔离开关，中性线截面积应与相线截面积一致。

（4）综合配电箱低压出线应采用绝缘导线或电缆，且接线端应有绝缘防护措施。

（5）综合配电箱无功补偿单元应满足 GB/T 15576 的规定。

（6）综合配电箱防雷保护应选用 T1 级浪涌保护器。

（7）智能配变终端具备配电变压器监测与保护、用户用电信息监测、剩余电流动作保护器监测、状态监测、电能质量管理、安全防护、事件及告警处理、人机交互等功能，可根据用户具体需求配置。

4.1.4.4 外壳

（1）变压器模块外观颜色采用海灰 B05，综合配电箱不锈钢外壳喷塑海灰 B05，涂层厚度不低于 50μm，热镀锌支架不再喷涂颜色。

（2）综合配电箱的铰链和门锁应采用耐腐蚀材质，外壳的焊接与组装应牢固，焊缝应光洁均匀，无焊穿、裂纹、溅渣、气孔等现象。

（3）外壳应保证喷漆颜色均匀，附着力强，漆膜不得有裂纹、流痕、针孔、斑点、气泡和附着物。

（4）外壳及箱门的铰链和闭锁装置，应具有足够的机械强度以承受正常使用和短路条件下所遇到的应力，满足 GB 7251.1 的要求。

4.1.4.5 接地

（1）纵向一体化柱上变压器台中应至少有 1 个主接地点，接地螺母或螺栓不小于 M12，并有明显的接地标志。

（2）纵向一体化柱上变压器台应设有不少于两个与接地系统相连的端子。

（3）纵向一体化柱上变压器台中需要接地的电器元件及金属部件等均应有效接地。

（4）纵向一体化柱上变压器台的接地连续性应符合 4.1.6.2 的要求。

4.1.5 试验项目

4.1.5.1 纵向一体化柱上变压器台的试验包括型式试验、出厂试验和交接试验 3 类，整机试验项目和要求见表 4-1。

表 4-1　纵向一体化柱上变压器台的整机试验项目和要求

试验项目	试验依据	试验类别		
		型式试验	出厂试验	交接试验
一般检查	4.1.6.1	√	√	√
接地连续性试验	4.1.6.2	√	√	√
工频耐压试验	4.1.6.3	√	√	√
雷电冲击试验	4.1.6.3	√	×	×
温升试验	4.1.6.4	√	×	×
电容器涌流试验	4.1.6.5	√	×	×
电容器动态响应时间测试	4.1.6.5	√	×	×
电容器投切试验	4.1.6.5	√	√	×
电容器放电试验	4.1.6.5	√	√	√
外壳防护等级	4.1.6.6	√	×	×

说明：√表示必做项目，×表示不做项目。

4.1.5.2 纵向一体化柱上变压器台在进行整机型式试验前，制造企业应向检测机构提供以下有效资料整套复印件，复印件的封面和侧面（骑缝章）应加盖制造企业单位的公章：

（1）熔断器、避雷器、电线电缆等元器件按各自应执行的标准提供第三方权威检测机构出具的全部检测项目合格的检测报告。

（2）纵向一体化柱上变压器台变压器模块的型式试验按表 4-2 的要求执行，所有试验应在同一台试品上完成。

表 4-2　纵向一体化柱上变压器台变压器模块的型式试验要求

序号	试验项目名称	类别	依据标准	备注
1	直流绝缘电阻测量	例行试验	GB/T 6451—2015	
2	绕组电阻测量	例行试验	GB/T 6451—2015	
3	电压比测量和联接组标号检定	例行试验	JB/T 501—2006	
4	外施耐压试验	例行试验	GB 1094.3—2003	
5	感应耐压试验	例行试验	GB 1094.3—2003	

续表

序号	试验项目名称	类别	依据标准	备注
6	空载损耗和空载电流测量	例行试验	JB/T 501—2006	
7	短路阻抗和负载损耗测量	例行试验	JB/T 501—2006	
8	压力密封试验	例行试验	GB/T 6451—2015	
9	绝缘油试验	例行试验	JB/T 501—2006	
10	温升试验	型式试验	GB 1094.2—2013	
11	雷电冲击试验	型式试验	GB 1094.3—2003	
12	声级测定	型式试验	GB/T 1094.10	
13	短时过负载能力试验	型式试验	GB/T 6451—2015	
14	在 90%和 110%额定电压下的空载损耗和空载电流测量	型式试验	GB 1094.1	
15	短路承受能力试验	特殊试验	GB 1094.5—2008	
16	压力变形试验	特殊试验	GB/T 6451—2015	

（3）纵向一体化柱上变压器台综合配电箱的型式试验按表 4-3 的要求执行，并取得 3C 认证证书，出厂试验按表 4-4 的要求执行。

表 4-3　　纵向一体化柱上变压器台综合配电箱的型式试验要求

序号	试验项目	依据标准	备注
1	一般检查（部件有效性、元器件安装、导线布置接线等）	GB 7251.1	
2	布线，操作性能和功能	GB 7251.1	
3	材料和部件的强度	GB 7251.1	
4	成套设备的防护等级	GB 7251.1	
5	电气间隙和爬电距离	GB 7251.1	
6	电击防护和保护电路完整性	GB 7251.1	
7	开关器件和元件的组合	GB 7251.1	
8	内部电路和连接	GB 7251.1	
9	外接导线和端子	GB 7251.1	

续表

序号	试验项目	依据标准	备注
10	介电性能	GB 7251.1	
11	温升验证	GB 7251.1	
12	短路耐受强度	GB 7251.1	
13	电磁兼容性	GB 7251.1	
14	机械操作	GB 7251.1	
15	机械碰撞	GB 7251.1	
16	工频过电压保护试验	GB/T 15576	适用带无功补偿型
17	电容器涌流试验	GB/T 15576	适用带无功补偿型
18	电容器动态响应时间测试	GB/T 15576	适用带无功补偿型
19	电容器投切试验	GB/T 29312—2012	适用带无功补偿型
20	电容器放电试验	GB/T 15576	适用带无功补偿型

表 4-4　　纵向一体化柱上变压器台综合配电箱的出厂试验要求

序号	试验项目	依据标准	备注
1	一般检查（部件有效性、元器件安装、导线布置接线等）	GB 7251.1	
2	布线，操作性能和功能	GB 7251.1	
3	材料和部件的强度	GB 7251.1	
4	电气间隙和爬电距离	GB 7251.1	
5	电击防护和保护电路完整性	GB 7251.1	
6	开关器件和元件的组合	GB 7251.1	
7	内部电路和连接	GB 7251.1	
8	外接导线和端子	GB 7251.1	
9	介电性能	GB 7251.1	
10	机械操作	GB 7251.1	
11	电容器投切试验	GB/T 29312—2012	适用带无功补偿型
12	电容器放电试验	GB/T 15576	适用带无功补偿型

（4）相同铁心材质的纵向一体化柱上变压器台型式试验报告允许以大容量

代替小容量。

4.1.6　试验方法

4.1.6.1　一般检查

一般检查包括：

（1）外观应整洁美观，标识清晰。

（2）检查铭牌和标志完整性，应与技术要求相符。

（3）检查柜内电器元件与接线图和技术数据等技术资料一致性。

（4）二次接线应正确美观，符合图样要求。

（5）综合配电箱箱门的开启、关闭及联锁应灵活可靠。

（6）电缆连接应可靠、安全。

（7）低压元器件间的电气间隙与爬电距离符合 GB 7251.1 的要求。

4.1.6.2　接地连续性试验

按 GB 17467—2010 的规定进行，纵向一体化柱上变压器台内任一可能接地的点到主接地点在 30A（DC）电流条件下试验，电压降应不大于 3V。

4.1.6.3　绝缘试验

（1）试验基本要求。

试验时，将变压器模块的低压侧接线柱头上的连接线断开，变压器高压侧接线柱头以及低压连接线分别连接到试验电源上。只有串联在电源回路中的开关闭合，其他所有的开关装置均保持断开状态。

（2）工频耐压试验。

1）变压器模块按 GB 1094.3—2003 要求。开始时施加的工频试验电压不应超过全试验电压值的 50%，然后将电压平稳增加至全试验电压值，并保持 1min，高压带电部件与绝缘材料制成或覆盖的外壳试验电压值：42kV/1min；变压器模块高压侧试验电压值：35kV/min；变压器模块低压侧试验电压值：5kV/min。

2）低压预制母线、综合配电箱按 GB 7251.1 要求。开始时施加的工频试验电压不应超过全试验电压值的 50%，然后将电压平稳增加至全试验电压值，并保持 5s，低压预制母线、综合配电箱的相间、对地、低压断口的试验电压值：2.5kV/5s；低压模块内辅助回路试验电压值：2kV/5s。

3）在试验过程中，无击穿、闪络、放电现象为合格。

（3）雷电冲击耐压试验：

1）变压器模块按 GB 1094.3—2003 要求。试验脉冲电压值为：高压侧全波 75kV，截波 85kV。

2）低压预制母线、综合配电箱的每个极性应施加 1.2/50μs 的冲击电压 5 次，间隔时间至少为 1s。试验脉冲电压为：6kV（全波）。

3）在试验过程中，无击穿、闪络、放电现象为合格。

4.1.6.4　温升试验

（1）试验条件。

1）外壳应完整，元件布置和正常使用时一致。综合配电箱箱门应保持闭合，电缆接口处应按使用状态予以封闭。

2）变压器模块、低压预制母线和综合配电箱的温升试验应同时进行。

3）温升试验时应保持在室内的周围空气温度低于 40℃，且在试验期间，在 1h 内的温度变化率不超过 1K。

4）试验环境应无明显的空气流动，风速不大于 1m/s。

（2）试验方法。

1）电源的连接。

综合配电箱中，馈线断路器出线端应予以短路。试验电源应与变压器模块的高压侧进线桩头连接。试验电流应通过高压侧进线桩头同时施加到变压器模块乃至综合配电箱的断路器出线端。

2）试验电流的施加。

在其参考温度下，应通以足够的电流来产生变压器模块的总损耗，同时满足额定低压电流的要求，可以采用 GB 1094.2 中的方法。

注 1：该试验要求在额定电流上增加小百分比的电流流过完整的回路以便补偿变压器模块的空载损耗。

注 2：试验期间，电阻可能随着变压器模块温度的变化而变化。因此，在整个试验期间试验电源的电流应根据保持产生的损耗恒定等于总的变压器模块损耗来变化。

试验电流在馈线中的分配应选择发热方面最不利的情况进行。

（3）测量。

1）环境温度的测量。按 GB 1094.2—2013 和 JB/T 501 的规定测量试验环境温度，当试验时环境温度不能满足标准规定的要求时，应进行温升修正。

2）变压器模块。应按 GB 1094.2—2013 的规定进行变压器模块的温升试验。

3）综合配电箱。应按 GB 7251.1 的规定进行测量低压预制母线、综合配电箱的温升试验。

如果其他结构与经过试验的结构类似，没有必要重复进行温升试验，除非低压侧的损耗高于受试的结构，或者有说明表示新的综合配电箱不在规定的温度限值内运行。同时还应测量母线连接处、用于连接外部绝缘导线的端子、母线与导体连接处、内装的元器件进出线端子处、与发热元件相邻或接触的绝缘材料等位置的温升。

（4）测试结果判定。如果试验结果满足以下各点，则认为纵向一体化柱上变压器台设备通过了温升试验：

1）变压器模块的温升及高压接线端子的温升不应超过 GB 1094.2—2013 的要求；

2）低压预制母线以及综合配电箱的温升不应超过 GB 7251.1 的要求。

4.1.6.5 功能试验

（1）电容器涌流试验。

按 GB/T 15576—2008 的规定，先将其余电容器全部通以额定电压，待工作稳定后，检测投入最后一组电容器时电路中的涌流值，其涌流值应不大于 5 倍额定电流。

（2）电容器动态响应时间检测。

按 GB/T 15576—2008 的规定，测试电容器在自动工作状态下的连续测试 20 次电容器投入响应时间值，动态响时间应不大于 1s，准确率不低于 99%。

（3）电容器投切试验。

按 GB/T 29312—2012 的规定，分别投切各支路电容器 100 次，记录同一时间每相电压、电流的波形。应在断口电压等于零时合闸，每相电流过零时分闸，准确率不低于 98%。

（4）电容器放电试验。

按 GB/T 15576—2008 的规定，分别在每组电容器上进行，用直流法将电容器组充至额定电压的峰值，然后接通放电装置，测量电压下降至 50V 所经历的时间，连续测量 5 次，每次放电时间应不大于 3min。

4.1.6.6 防护等级试验

按 GB 4208—2008 规定的试验方法进行，防护等级应不低于 IP44。

4.2 横向一体化柱上变压器台检测技术规范

4.2.1 范围

本规范规定了横向一体化柱上变压器台产品的系统条件、性能参数、性能要求、试验项目、试验方法。

本规范适用于国家电网公司经营区域内的横向一体化柱上变压器台。

4.2.2 系统条件

本规范所规定的横向一体化柱上变压器台，适用于下列配电网：

（1）系统标称电压：10kV/0.4kV；

（2）系统最高运行电压：12kV；

（3）系统额定频率：50Hz；

（4）系统中性接地方式：10kV 系统采用不接地、消弧线圈接地或小电阻接地；0.4kV 系统采用直接接地（TT 或 TN）。

4.2.3 性能参数

4.2.3.1 额定容量：50kVA，100kVA，200kVA，400kVA。

4.2.3.2 配电变压器高压侧分接范围：±2×2.5%或±5%。

4.2.3.3 配电变压器联结组标号：Dyn11 或 Yyn0。

4.2.3.4 低压配电模块进出线：综合配电箱采用绝缘母线系统结构 0.4kV 进线 1 回，馈线 2 回。0.4kV 进线选用熔断器式隔离开关，馈线宜采用断路器，其中，50kVA 综合配电箱馈线开关额定极限分断电流不小于 10kA，100kVA、200kVA 综合配电箱馈线开关额定极限分断电流不小于 20kA，400kVA 综合配电箱馈线开关额定极限分断电流不小于 35kA。

4.2.4 性能要求

4.2.4.1 总体要求：

（1）横向一体化柱上变压器台应采用自然通风方式冷却；

（2）所有箱门均应向外开启，箱门的开启角度应不小于 90°；

（3）横向一体化柱上变压器台及其每个模块均应有起吊装置，起吊时应保证整个成套设备及模块在垂直方向受力均衡；

（4）横向一体化柱上变压器台 10kV 选用跌落式熔断器或封闭型熔断器，其性能应符合 GB/T 15166.2 的规定，封闭型熔断器的性能应符合 GB/T 15166.3 的规定；

（5）高压进线侧应装有避雷器，避雷器选用支柱式避雷器，其性能应符合 GB 11032 的规定；

（6）10kV 侧选用架空绝缘导线或电缆，应符合 GB/T 12706.2 和 GB/T

12706.4 的规定[1]。

4.2.4.2 变压器模块：

（1）变压器模块的性能参数应符合 GB 1094.1、GB 1094.2、GB 1094.3、GB 1094.5、GB/T 1094.7、GB/T 6451、GB/T 25446、GB/T 25438、GB 20052—2013 和 JB/T 3837—2010 的规定。

（2）变压器模块的空载损耗、负载损耗和总损耗不允许有正偏差，且能效等级应满足 GB 20052—2013 中表 1 的规定。

4.2.4.3 低压配电模块：

（1）综合配电箱的性能参数应符合 GB 7251.1 的规定；

（2）计量单元由电流互感器、智能电能表和集中器组成，应满足供电计量部门的相关规定；

（3）综合配电箱应采用绝缘母线系统结构，进线应装设具有明显断开点的熔断器式隔离开关，中性线截面积应与相线截面积一致；

（4）综合配电箱低压出线应采用绝缘导线或电缆，且接线端应有绝缘防护措施；

（5）综合配电箱无功补偿单元应满足 GB/T 15576 的规定；

（6）综合配电箱防雷保护应选用 T1 级浪涌保护器；

（7）智能配变终端具备配电变压器监测与保护、用户用电信息监测、剩余电流动作保护器监测、状态监测、电能质量管理、安全防护、事件及告警处理、人机交互等功能，可根据用户具体需求配置。

4.2.4.4 外壳：

（1）变压器模块外观颜色采用海灰 B05，综合配电箱不锈钢外壳喷塑海灰 B05，涂层厚度不低于 50μm，热镀锌支架不再喷涂颜色；

（2）综合配电箱的铰链和门锁应采用耐腐蚀材质，外壳的焊接与组装应牢固，焊缝应光洁均匀，无焊穿、裂纹、溅渣、气孔等现象；

（3）外壳应保证喷漆颜色均匀，附着力强，漆膜不得有裂纹、流痕、针孔、斑点、气泡和附着物；

（4）外壳及箱门的铰链和闭锁装置，应具有足够的机械强度以承受正常使用和短路条件下所遇到的应力，满足 GB 7251.1 的要求。

4.2.4.5 接地：

（1）横向一体化柱上变压器台中应至少有 1 个主接地点，接地螺母或螺栓不小于 M12，并有明显的接地标志；

（2）横向一体化柱上变压器台应设有不少于两个与接地系统相连的端子；

（3）横向一体化柱上变压器台中需要接地的电器元件及金属部件等均应有效接地；

（4）横向一体化柱上变压器台的接地连续性应符合 4.2.6.2 的要求。

4.2.5 试验项目

4.2.5.1 横向一体化柱上变压器台的试验包括型式试验、出厂试验和交接试验 3 类，整机试验项目和要求见表 4-5。

表 4-5　横向一体化柱上变压器台的整机试验项目和要求

试验项目	试验依据	试验类别		
		型式试验	出厂试验	交接试验
一般检查	4.2.6.1	√	√	√
接地连续性试验	4.2.6.2	√	√	√
工频耐压试验	4.2.6.3	√	√	√
雷电冲击试验	4.2.6.3	√	×	×
温升试验	4.2.6.4	√	×	×
电容器涌流试验	4.2.6.5	√	×	×
电容器动态响应时间测试	4.2.6.5	√	×	×
电容器投切试验	4.2.6.5	√	√	×
电容器放电试验	4.2.6.5	√	√	√
外壳防护等级	4.2.6.6	√	×	×

说明：√表示必做项目，×表示不做项目。

4.2.5.2 横向一体化柱上变压器台在进行整机型式试验前，应提供以下有效资料整套复印件，复印件的封面和侧面（骑缝章）应加盖制造企业单位的公章：

[1] 如需采用其他组部件，均应符合相应标准的规定。

（1）熔断器、避雷器、电线电缆等元器件按各自应执行的标准提供第三方权威检测机构出具的全部检测项目合格的检测报告；

（2）横向一体化柱上变压器台变压器模块的型式试验按表4-6的要求执行，所有试验应在同一台试品上完成；

表4-6　　横向一体化柱上变压器台变压器模块的型式试验要求

序号	试验项目名称	类别	依据标准
1	直流绝缘电阻测量	例行试验	GB/T 6451—2015
2	绕组电阻测量	例行试验	GB/T 6451—2015
3	电压比测量和联接组标号检定	例行试验	JB/T 501—2006
4	外施耐压试验	例行试验	GB 1094.3—2003
5	感应耐压试验	例行试验	GB 1094.3—2003
6	空载损耗和空载电流测量	例行试验	JB/T 501—2006
7	短路阻抗和负载损耗测量	例行试验	JB/T 501—2006
8	压力密封试验	例行试验	GB/T 6451—2015
9	绝缘油试验	例行试验	JB/T 501—2006
10	温升试验	型式试验	GB 1094.2—2013
11	雷电冲击试验	型式试验	GB 1094.3—2003
12	声级测定	型式试验	GB/T 1094.10
13	短时过负载能力试验	型式试验	GB/T 6451—2015
14	在90%和110%额定电压下的空载损耗和空载电流测量	型式试验	GB 1094.1
15	短路承受能力试验	特殊试验	GB 1094.5—2008
16	压力变形试验	特殊试验	GB/T 6451—2015

（3）横向一体化柱上变压器台综合配电箱的型式试验按表4-7的要求执行，并取得3C认证证书，出厂试验按表4-8的要求执行；

表4-7　　横向一体化柱上变压器台综合配电箱的型式试验要求

续表

序号	试 验 项 目	依据标准	备注
1	一般检查（部件有效性、元器件安装、导线布置接线等）	GB 7251.1	
2	布线，操作性能和功能	GB 7251.1	
3	材料和部件的强度	GB 7251.1	
4	成套设备的防护等级	GB 7251.1	
5	电气间隙和爬电距离	GB 7251.1	
6	电击防护和保护电路完整性	GB 7251.1	
7	开关器件和元件的组合	GB 7251.1	
8	内部电路和连接	GB 7251.1	
9	外接导线和端子	GB 7251.1	
10	介电性能	GB 7251.1	
11	温升验证	GB 7251.1	
12	短路耐受强度	GB 7251.1	
13	电磁兼容性	GB 7251.1	
14	机械操作	GB 7251.1	
15	机械碰撞	GB 7251.1	
16	工频过电压保护试验	GB/T 15576	适用带无功补偿型
17	电容器涌流试验	GB/T 15576	适用带无功补偿型
18	电容器动态响应时间测试	GB/T 15576	适用带无功补偿型
19	电容器投切试验	GB/T 29312—2012	适用带无功补偿型
20	电容器放电试验	GB/T 15576	适用带无功补偿型

表4-8　　横向一体化柱上变压器台综合配电箱的出厂试验要求

序号	试 验 项 目	依据标准	备注
1	一般检查（部件有效性、元器件安装、导线布置接线等）	GB 7251.1	
2	布线，操作性能和功能	GB 7251.1	
3	材料和部件的强度	GB 7251.1	
4	电气间隙和爬电距离	GB 7251.1	
5	电击防护和保护电路完整性	GB 7251.1	
6	开关器件和元件的组合	GB 7251.1	

续表

序号	试验项目	依据标准	备注
7	内部电路和连接	GB 7251.1	
8	外接导线和端子	GB 7251.1	
9	介电性能	GB 7251.1	
10	机械操作	GB 7251.1	
11	电容器投切试验	GB/T 29312—2012	适用带无功补偿型
12	电容器放电试验	GB/T 15576	适用带无功补偿型

（4）相同铁芯材质的横向一体化柱上变压器台型式试验报告允许以大容量代替小容量。

4.2.6 试验方法

4.2.6.1 一般检查。

一般检查包括：

（1）外观应整洁美观，标识清晰；

（2）检查铭牌和标志完整性，应与技术要求相符；

（3）检查柜内电器元件与接线图和技术数据等技术资料一致性；

（4）二次接线应正确美观，符合图样要求；

（5）综合配电箱箱门的开启、关闭及联锁应灵活可靠；

（6）电缆连接应可靠、安全；

（7）低压元器件间的电气间隙与爬电距离符合 GB 7251.1 的要求。

4.2.6.2 接地连续性试验。

按 GB 17467—2010 的规定进行，横向一体化柱上变压器台内任一可能接地的点到主接地点在 30A（DC）电流条件下试验，电压降应不大于 3V。

4.2.6.3 绝缘试验。

（1）试验基本要求。试验时，将变压器模块的低压侧接线柱头上的连接线断开，变压器高压侧接线柱头以及低压连接线分别连接到试验电源上。只有串联在电源回路中的开关闭合，其他所有的开关装置均保持断开状态。

（2）工频耐压试验。

1）变压器模块按 GB 1094.3—2003 要求。开始时施加的工频试验电压不应超过全试验电压值的 50%，然后将电压平稳增加至全试验电压值，并保持 1min，高压带电部件与绝缘材料制成或覆盖的外壳试验电压值为 42kV/1min；变压器模块高压侧试验电压值为 35kV/min；变压器模块低压侧试验电压值为 5kV/min。

2）综合配电箱按 GB 7251.1 要求。开始时施加的工频试验电压不应超过全试验电压值的 50%，然后将电压平稳增加至全试验电压值，并保持 5s，综合配电箱的相间、对地、低压断口的试验电压值为 2.5kV/5s；低压模块内辅助回路试验电压值为 2kV/5s。

3）在试验过程中，无击穿、闪络、放电现象为合格。

（3）雷电冲击耐压试验。

1）变压器模块按 GB 1094.3—2003 要求。试验脉冲电压值为高压侧全波 75kV、截波 85kV。

2）综合配电箱的每个极性应施加 1.2/50μs 的冲击电压 5 次，间隔时间至少为 1s；试验脉冲电压为 6kV（全波）。

3）在试验过程中，无击穿、闪络、放电现象为合格。

4.2.6.4 温升试验。

（1）试验条件。

1）外壳应完整，元件布置和正常使用时一致；综合配电箱箱门应保持闭合，电缆接口处应按使用状态予以封闭。

2）变压器模块和综合配电箱的温升试验应同时进行。

3）温升试验时应保持在室内的周围空气温度低于 40℃，且在试验期间，在 1h 内的温度变化率不超过 1K。

4）试验环境应无明显的空气流动，风速不大于 1m/s。

（2）试验方法。

1）电源的连接。综合配电箱中，馈线断路器出线端应予以短路。试验电源应与变压器模块的高压侧进线桩头连接。试验电流应通过高压侧进线桩头同时施加到变压器模块乃至综合配电箱的断路器出线端[1]。

2）试验电流的施加。在其参考温度下，应通过以足够的电流来产生变压器模块的总损耗，同时满足额定低压电流的要求，可以采用 GB 1094.2 中的方法[2]。

[1] 该试验要求在额定电流上增加小百分比的电流流过完整的回路以便补偿变压器模块的空载损耗。

[2] 试验期间，电阻可能随着变压器模块温度的变化而变化。因此，在整个试验期间试验电源的电流应根据保持产生的损耗恒定等于总的变压器模块损耗来变化。

3）试验电流在馈线中的分配应选择发热方面最不利的情况进行。

（3）测量。

1）环境温度的测量。按 GB 1094.2—2013 和 JB/T 501 的规定测量试验环境温度，当试验时环境温度不能满足标准规定的要求时，应进行温升修正。

2）变压器模块。应按 GB 1094.2—2013 的规定进行变压器模块的温升试验。

3）综合配电箱。应按 GB 7251.1 的规定进行测量综合配电箱的温升试验。

如果其他结构与经过试验的结构类似，没有必要重复温升试验，除非低压侧的损耗高于受试的结构，或者有说明表示新的综合配电箱不在规定的温度限值内运行。同时还应测量母线连接处、用于连接外部绝缘导线的端子、母线与导体连接处、内装的元器件进出线端子处、与发热元件相邻或接触的绝缘材料等位置的温升。

（4）测试结果判定。如果试验结果满足以下各点，则认为横向一体化柱上变压器台设备通过了温升试验：

1）变压器模块的温升及高压接线端子的温升不应超过 GB 1094.2—2013 的要求；

2）低压连接线以及综合配电箱的温升不应超过 GB 7251.1 的要求。

4.2.6.5 功能试验。

（1）电容器涌流试验。按 GB/T 15576—2008 的规定，先将其余电容器全部通以额定电压，待工作稳定后，检测投入最后一组电容器时电路中的涌流值，其涌流值应不大于 5 倍额定电流。

（2）电容器动态响应时间检测。按 GB/T 15576—2008 的规定，测试电容器在自动工作状态下的连续测试 20 次电容器投入响应时间值，动态响时间应不大于 1s，准确率不低于 99%。

（3）电容器投切试验。按 GB/T 29312—2012 的规定，分别投切各支路电容器 100 次，记录同一时间每相电压、电流的波形。应在断口电压等于零时合闸，每相电流过零时分闸，准确率不低于 98%。

（4）电容器放电试验。按 GB/T 15576—2008 的规定，分别在每组电容器上进行，用直流法将电容器组充至额定电压的峰值，然后接通放电装置，测量电压下降至 50V 所经历的时间，连续测量 5 次，每次放电时间应不大于 3min。

4.2.6.6 防护等级试验。

按 GB 4208—2008 规定的试验方法进行，防护等级应不低于 IP44。

4.3 10kV 一体化柱上变压器台专业检测方案

4.3.1 检测对象

（1）10kV 纵向一体化柱上变压器台；

（2）10kV 横向一体化柱上变压器台。

4.3.2 检测项目及依据

专业检测的检测项目及依据见《国家电网公司 2016 年 10kV 一体化柱上变压器台专业检测大纲》（详见附录 A）。

第二部分

配电一二次设备成套化技术和一体化专业检测方案

配电一二次设备成套化技术方案

1 概 述

1.1 总体思路

通过提高配电一二次设备的标准化、集成化水平，提升配电设备运行水平、运维质量与效率，满足配电自动化及线损管理的技术要求，服务配电网建设改造行动计划。

以打造“安全可靠、融合高效”为技术目标，以需求为导向、检测为保障，主要面向配电网建设改造中的增量设备，按照总体设计标准化、功能模块独立化、设备互换灵活化的思路，优先解决配电自动化建设中面临的遥信抖动、一二次接口的兼容性和扩展性、终端新增线损采集功能等迫切问题，分阶段推进配电设备一二次融合工作。

1.2 总体目标

(1) 柱上开关的一二次融合工作一步到位。

(2) 环网柜的一二次融合分近期和远期两个阶段完成预期目标：

1) 近期目标解决一二次设备的组合、装置性更换及工厂化维修问题；

2) 远期目标解决一二次设备深度融合问题。

各阶段应提供相应的成套化设备招标技术规范书和检测规范。

2 柱上开关一二次融合技术方案

2.1 一二次融合总体要求

（1）柱上开关一二次融合成套设备按应用功能可分为分段负荷开关成套、分段断路器成套、分界负荷开关成套及分界断路器成套四种。

（2）分段负荷开关成套主要用于主干线分段/联络位置，实现主干线故障就地自动隔离功能，支持电压时间型逻辑。

（3）分段断路器成套主要用于满足级差要求，可直接切除故障的主干线、大分支环节，具备重合闸功能。

（4）分界负荷开关及分界断路器主要实现用户末端支线故障就地隔离或切除功能。

（5）柱上开关成套设备具备自适应综合型就地馈线自动化功能，不依赖主站和通信，通过短路/接地故障检测技术、无压分闸、故障路径自适应延时来电合闸等控制逻辑，自适应多分支多联络配电网架，实现单相接地故障的就地选线、区段定位与隔离；配合变电站出线开关一次合闸，实现永久性短路故障的区段定位和瞬时性故障供电恢复；配合变电站出线开关二次合闸，实现永久性故障的就地自动隔离和故障上游区域供电恢复。

（6）开关本体、控制单元、电压互感器之间采用军品级航空接插件通过户外型全绝缘电缆连接，接口定义见表B.1。

（7）开关本体应满足国家电网公司相关标准要求，控制单元应满足Q/GDW 514《配电自动化终端/子站功能规范》及《配电自动化终端技术规范》相关要求。

2.2 一二次融合功能要求

2.2.1 分段/联络断路器成套功能要求

（1）一二次成套装置由开关本体、控制单元、电源电压互感器、连接电缆等构成。

（2）开关本体应内置高精度、宽范围的电压/电流传感器，满足故障检测、测量、计量等功能和计算线损的要求。

（3）开关采用内置1组电压传感器，提供U_a、U_b、U_c、U_0（测量、计量）电压信号，内置1组电流传感器，提供I_a、I_b、I_c、I_0（保护、测量、计量）电流信号，并外置2台电源电压互感器安装在开关两侧，线路有压信号取自电源电压互感器。

（4）具备采集三相电流、三相电压、零序电流、零序电压的能力，满足计算有功功率、无功功率，功率因数、频率和计量电能量的功能。

（5）具备相间故障处理和小电流接地系统单相接地故障处理功能，可直接跳闸切除故障，具备自动重合闸功能，重合次数及时间可调。

2.2.2 分段/联络负荷开关成套功能要求

（1）一二次成套装置由开关本体、控制单元、电源电压互感器、连接电缆等构成。

（2）开关本体应内置高精度、宽范围的电压/电流传感器，满足故障检测、测量、计量等功能和计算线损的要求。

（3）开关采用内置1组电压传感器，提供U_a、U_b、U_c、U_0（测量、计量）电压信号，内置1组电流传感器，提供I_a、I_b、I_c、I_0（保护、测量、计量）电流信号，并外置2台电源电压互感器安装在开关两侧，线路有压信号取自电源电压互感器。

（4）具备“来电合闸、失压分闸”功能，满足与变电站出线断路器配合完成主干线路故障就地隔离的就地馈线自动化功能，具备非遮断保护功能确保负荷开关不分断大电流。

（5）具备采集三相电流、三相电压、零序电流、零序电压的能力，满足计算有功功率、无功功率，功率因数、频率和计量电能量的功能。

（6）具备正向闭锁合闸功能，若开关合闸之后在设定时间内失压，则自动分闸并闭锁合闸，正向送电开关不关合。

（7）具备反向闭锁合闸功能，若开关合闸之前在设定时间内掉电或出现瞬时残压，则反向闭锁合闸，反向送电开关不关合。

（8）具备接地故障隔离功能，若开关合闸之后在设定时间内出现零序电压从无到有的突变，则自动分闸并闭锁合闸，正向送电开关不关合。

（9）具备接地故障就地切除选线功能，若开关负荷侧存在接地故障，延时跳闸，直接选出接地故障线路。

（10）具备分段/联络模式就地可选拨码，在联络模式下具备自动转供电功能。

（11）具备集中控制模式和就地重合模式（电压时间型）选择开关，选择开关遥信状态可主动上报主站。

2.2.3 分界断路器成套功能要求

（1）分界断路器由开关本体、控制单元、电源电压互感器、连接电缆 4 部分组成。

（2）开关至少内置 A、C 相电流互感器和零序电流互感器，满足相电流和零序电流应用要求，外置 1 台电源电压互感器安装在电源侧。

（3）具备相间故障处理和小电流接地系统单相接地故障处理功能，可直接跳闸切除用户侧相间短路故障和接地故障，具备 1 次重合闸功能。

2.2.4 分界负荷开关成套功能要求

（1）分界负荷开关由开关本体、控制单元、电源电压互感器、连接电缆等组成。

（2）开关至少内置 A、C 相电流互感器和零序电流互感器，满足相电流和零序电流应用要求。外置（或内置）1 台电源电压互感器安装在电源侧。

（3）具备自动隔离用户侧相间短路故障、自动切除用户侧接地故障，满足非遮断电流闭锁应用要求。

2.3 一二次融合技术要求

2.3.1 总体结构要求

（1）开关本体应采用防凝露免维护设计，开关本体和操动机构都应采用全绝缘、全密封的结构。共箱式开关整体满足 IP 防护等级不低于 IP67；支柱式开关整体满足 IP 防护等级不低于 IP65。

（2）箱体上应有位于在地面易观察的，明显的分、合闸位置指示器，并采用反光材料，指示器与操动机构可靠连接，指示动作应可靠。

（3）外壳应能良好接地并能承受运行中出现的正常和瞬时压力。接地外壳上应装有导电性良好，直径不小于 12mm 的防锈接地螺钉，接地点应标有接地符号。

（4）壳体上应设置防止内部电弧故障的泄压装置，壳体应设置必要的搬运把手，避免拽拉出线套管。

（5）供起吊用的吊环位置，应使悬吊中的开关设备保持水平，吊链与任何部件之间不得有摩擦接触，避免在吊装过程中划伤箱体表面喷涂层。

（6）铭牌能耐风雨、耐腐蚀，保证使用过程中清晰可见，铭牌内容符合国家相关标准要求。

（7）外壳应采用不锈钢板或优质碳钢材料使用冲压成型技术制造，壳体具备防锈蚀的有效措施保证 25 年不锈蚀，应有明显的厂家标识。

2.3.2 分段/联络断路器成套技术要求

（1）开关操动机构应内置于封闭箱内，应能够进行电动或手动储能合、分闸操作。

（2）开关额定短路开断电流为 20kA，额定电流不小于 630A。

（3）成套设备应能快速切除故障，故障切除时间不大于 100ms。

（4）在 85%～110%额定操作电压应能可靠合闸；在 65%～110%额定操作电压应能可靠分闸；电压低于 30%额定操作电压不应脱扣。

2.3.3 分段/联络负荷开关成套技术要求

（1）开关应满足联络开关的安全隔离要求，须采用内置隔离刀闸设计，隔离刀闸与灭弧室串联异步联动，互为闭锁，隔离刀闸先于灭弧室触头合闸，后于灭弧室触头分闸，关合时间差控制在 15～40ms，隔离断口不小于 25mm。

（2）开关操动机构内置于封闭气箱内。

（3）操动机构采用电磁机构时，具备“来电合闸，失压分闸”功能，可手动/电动操作；额定操作电压为 AC220V；在低于 65V 需保障可靠分闸，高于 160V 需可靠合闸。

（4）操动机构采用弹簧机构时，配合控制器实现“来电合闸，失压分闸”功能，可手动/电动操作；额定操作电压 DC24V。

2.3.4 分界断路器成套技术要求

（1）开关操动机构应内置于封闭箱内，应能够进行电动或手动储能合闸、分闸操作。

（2）开关额定短路开断电流为20kA，额定电流不小于630A。

（3）成套设备应能快速切除故障，故障切除时间不大于100ms。

（4）在85%～110%额定操作电压应能可靠合闸；在65%～110%额定操作电压应能可靠分闸；电压低于30%额定操作电压不应脱扣。

2.3.5 分界负荷开关成套技术要求

（1）开关应满足用户侧运行检修安全隔离要求，须采用内置隔离刀闸设计，隔离刀闸与灭弧室串联异步联动，互为闭锁，隔离刀闸先于灭弧室触头合闸，后于灭弧室触头分闸，关合时间差控制在15～40ms，隔离断口不小于25mm。

（2）开关弹簧操动机构采用手动储能、合闸，电动分闸；在65%～110%额定操作电压应能可靠分闸；电压低于30%额定操作电压不应脱扣。

（3）开关操动机构分闸功耗不大于240W/100ms。

（4）开关本体内置组合式TA，提供A、C相电流（600A/1A）和零序电流（20A/1A），外置（或内置）电源TV提供AC220V为控制器供电。

2.3.6 自动化部件技术要求

2.3.6.1 电压/电流传感器选型分析。

（1）电压传感器。

电压传感器按实现方式可分为电阻分压式、电容分压式和阻容分压式，主要特点见表2-1。

表2-1 电阻分压、电容分压和阻容分压式电压传感器的主要特点

分类	电阻分压式	电容分压式	阻容分压式
主要特点	a）无铁芯 b）精度高 c）成本较传统TV低 d）受环境影响小 e）低功耗 f）体积小、重量轻 g）投运后会降低系统对地绝缘电阻	a）无铁芯 b）电容参数特性变化会引起精度偏差 c）成本较传统TV低 d）较易受环境影响 e）低功耗 f）体积更小、重量轻 g）绝缘性能好	a）无铁芯 b）精度高 c）成本较传统TV低 d）受环境影响小 e）低功耗 f）体积小、重量轻 g）绝缘性能好

（2）电流传感器。目前，电流传感器实现方式主要有空心线圈和LPCT线圈两种，根据国标GB/T 20840.8规定，输出的信号全部为模拟电压信号或数字信号，没有输出电流信号。

（3）空心线圈和LPCT低功耗线圈的对比见表2-2。

表2-2 空心线圈和LPCT低功耗线圈的对比

分类	空心线圈	LPCT线圈
综合对比	（a）无铁芯； （b）无饱和现象； （c）工艺较难； （d）小电流线性度较差，需二次补偿； （e）无二次开路危险； （f）过电流能力强	（a）带铁芯； （b）有饱和现象，可做到10P20； （c）工艺实现简单； （d）低端、高端有非线性； （e）开口电压高，开路比较危险； （f）频带范围不如空心线圈宽

综上分析，采用低功耗线圈可满足设计要求。

2.3.6.2 电压/电流传感器技术要求。

（1）电压传感器。电压传感器应满足GB 20840.7—2007电子式电压互感器要求，其中重要参数见表2-3。

表2-3 电压传感器参数

参　数	数　值
额定电压比	相电压：(10kV/$\sqrt{3}$) / (3.25V/$\sqrt{3}$)； 零序：(10kV/$\sqrt{3}$) / (6.5V/3)
准确级 （含15m线缆）	相电压：0.5级； 零序电压：1级
温度范围	−40～70℃
局部放电	10pC，14.4kV
负载阻抗	终端输入阻抗>10MΩ 配电线损采集模块输入阻抗>10MΩ 组合阻抗>5MΩ
与开关组合后绝缘电阻（开关相对地）	>25MΩ

（2）电流传感器。电流传感器应满足GB 20840.8—2007电子式电流互感器要求，其中重要参数见表2-4。

表 2-4　　电流传感器参数

参　数	数　值
额定变比	相：600A/1V； 零序：20A/0.2V
准确级 （含 15m 线缆）	相：保护 5P10 级、计量 0.5S 三合一兼容； 零序：<1%（1%～120% I_n），保护 10P10 级
实现方式	低功耗电磁式
负载阻抗	不小于 20kΩ
温度范围	−40～70℃

2.3.6.3 控制单元技术要求。

（1）计量功能要求（用户末端分界开关除外）。FTU 采用配电线损采集模块实现计量功能，包括：

1）正反向有功电量计算和四象限无功电量计算及功率因数计算。

2）计量数据冻结功能，包括日冻结数据，功率方向改变时的冻结数据。

3）有功电量计算为 0.5S 级精度，无功电量计算为 2 级，功率因数分辨率 0.01。

（2）测量功能要求。采集三相电压、三相电流、频率、有功功率、无功功率、零序电流和零序电压。

（3）保护功能要求。

1）应满足 Q/GDW 514《配电自动化终端/子站功能规范》及《配电自动化终端技术规范》相关要求。

2）分段/联络断路器、分界断路器具备相间故障检测及跳闸功能、相间故障信息上传功能。

3）分段/联络断路器、分界断路器、分界负荷开关具备进出线接地故障的检测及跳闸功能；具备故障录波与通信上传功能，接地故障录波每周波 80 点以上。

（4）测量、计量、保护精度要求。

1）保护、测量、计量电压：三相额定输入为 $3.25V/\sqrt{3}$；测量精度不大于 0.5%。

2）保护、测量、计量电流：三相额定输入为 1V；保护不大于 3%；测量 0.5 级；计量精度 0.5S。

3）零序电流：20A/0.2V；测量精度不大于 0.5%。

4）零序电压：6.5V/3；测量精度不大于 0.5%。

（5）功耗要求。“三遥”FTU、“二遥”动作型 FTU 整机功耗不大于 35VA（含配电线损采集模块，不含通信模块、后备电源）。

2.3.7 通信及接口要求

（1）通信要求。配电终端应同时具备光纤、无线通信接口，通信接口要求应满足 Q/GDW 514《配电自动化终端/子站功能规范》及《配电自动化终端技术规范》相关要求。

（2）接口要求。柱上开关与 FTU 的接口配置如下：

1）柱上开关侧。采用 2 根电缆、1 个 26 芯航空插头从开关本体引出电压、电流及控制信号，电压/电流信号经成对双绞线接入到 FTU 的航空插头，转屏蔽双绞线接入装置。航空插头引脚定义见表 B.1。

采用 2 根电缆提供供电电源（采用电磁式 TV 取电）。

2）FTU。FTU 的航空插头接口包括供电电源接口（4 芯，1 个）、电压/电流输入接口（14 芯，1 个）、控制信号接口（10 芯，1 个）、以太网接口（1 个，备用）。航空插头引脚定义见表 B.2～表 B.4。

与开关本体相连的电缆在 FTU 侧分别连接到电压/电流输入、控制信号航空插头；与 TV 电源相连的电缆在 FTU 侧连接到供电电源航空插头。

2.4 抗凝露方案

2.4.1 凝露问题分析

凝露产生的机理在于环境低于露点温度下，大湿度空气在有温差区器件上液化。所以解决凝露问题一般从以下几方面入手：

（1）通过全密封措施彻底隔绝大湿度空气。温差的形成机理，由于不同材质的传热速度不同，尤其是裸露金属体（不锈钢板，镀锌板）导致金属体温度低于周围空气温度而带来凝露。金属体又分为带电金属体和非带电金属体。

（2）通过加热消除温差的方法并不理想，加热带来新的温差区，反而加速箱体内壁上的凝露。

（3）通过通风方式可在一定程度上减轻凝露，但会带来灰尘等进而导致内部污化。

有效的建议：带电金属体全绝缘化，非带电金属体做非金属钝化。钝化的措施包括喷涂、镀膜、塑化等。

2.4.2 柱上开关抗凝露方案

采用全密封结构（含操动机构）共箱式开关，实现全绝缘、全密封。

开关本体满足下水试验要求，开关采用全绝缘设计，无带电裸露点。主引出线推荐采用电缆式引线。

2.4.3 环网柜抗凝露方案

各进出线单元采用全密封结构。进出线，母线电缆附件必须满足全绝缘、全密封的要求。单元进线推荐采用电缆式引线。电缆进线沟必须做（采用快凝材料）密封处理。每一间隔二次室需加入湿度控制加热装置。环网柜顶部加湿度控制通风装置，母线电源 TV 需预留出加热、通风负载功率。

2.4.4 控制电缆及插头抗凝露方案

采用全密封防水结构插头插座。插头插座焊线侧必须灌装硅脂橡胶，保证无带电裸露点。电缆上接电源 TV 的电缆破口需做防雨水浸入处理，安装时做上 U 型固定。电缆控制器侧要做下 U 型固定，防止雨水顺电缆灌入插头。

2.4.5 控制单元抗凝露方案

电压时间型开关，分界开关等尽量采用罩式装置，控制单元满足 IP67 防护等级，满足下水试验要求。

环网柜二次部分 DTU/箱式 FTU 禁止用电裸露型端子排（TB 型），应采用塑件包裹型标准电压电流端子排，安装后外视无带电裸露点导线头部处理，接入端子后，根部无金属裸露。

不同属性信号线间，强弱电间应留有空端子。FTU 内端子排建议采用水平式结构，箱式 FTU 应满足 IP54 的防护等级，箱体内金属附件，板材建议采用非金属钝化处理以减少凝露，箱体底部留有导流孔。

控制器线路板、连接件外露针需做三防绝缘处理（三防漆，绝缘漆，硅橡胶灌封），绝缘材料为非易燃品。控制器应满足 DL/T 721—2013 有关湿热条件实验要求。

2.5 行程开关改进方案

2.5.1 产生遥信抖动的原因分析

开关的遥信信号主要指开关的分合闸状态和储能状态信号。配电开关的状态信号主要通过行程开关或者转换开关提供。产生抖动的原因主要有以下 2 点：

（1）行程开关、转换开关质量缺陷；

（2）行程开关松动或接触不良。

2.5.2 解决方案

解决方案主要有以下 4 条：

（1）行程开关、转换开关要求选用质量稳定的知名品牌的产品。

（2）行程开关的安装应采用严格的防松措施，比如安装螺栓采用厌氧胶粘接等。

（3）在开关电动分合闸 100 次后，行程开关触点的直流电阻不应大于 1Ω。

（4）要求开关操动机构防护等级不低于 IP67，防止凝露、灰尘等造成的触点接触不良。

3　环网柜一二次融合技术方案

3.1　一二次融合总体要求

各期方案应具备延续性，满足未来更换与升级，不同厂家设备方便统一维护。

3.1.1　近期

（1）环网柜由环进环出单元、馈线单元、母线设备（TV）单元、集中式DTU单元组成。

（2）所有环进环出单元、馈线单元的电源、电流、遥信、遥控等回路采用标准化接口设计，通过二次航空插头汇总于DTU单元的航插室；母线设备单元的电源、电压等回路通过二次航空插头汇总于DTU单元的航插室。

（3）可实现DTU单元柜、一次开关本体的整体可更换。

（4）DTU实现三遥、计量、相间及接地故障处理、通信、二次供电等功能；计量采用独立模块，DTU核心单元与其通信采集计量数据。

3.1.2　远期

（1）环网柜由环进环出单元、馈线单元、供电与通信单元（含供电TV、后备电源、通信模块）组成；三遥动作型DTU安装在各单元间隔内；各单元柜的电源由供电与通信单元柜统一提供。

（2）三遥动作型DTU实现本间隔的三遥、计量、相间与接地故障处理、通信功能。

（3）三遥动作型DTU通信方式接入通信单元，由通信单元对上通信。

（4）三遥动作型DTU和通信模块实现装置级可更换，支持热插拔。

（5）用于环网柜现场诊断维护的移动式终端手持设备统一接口与协议，通过有线串口方式连接DTU调试口，可实现不同厂家DTU设备的就地诊断与维护。

3.2　一二次融合技术要求

3.2.1　开关柜典型分类和组成

环网柜分全绝缘型（共箱式）和半绝缘型（间隔式），箱式开关站等应用于户外时宜采用全绝缘型。

典型单元分类和组成如下：

（1）负荷开关单元：由负荷/接地开关、避雷器、电流互感器、带电显示器，适用于环进环出单元，如图3-1所示。

（2）负荷开关—熔断器（组合电器）单元：由负荷/接地开关、熔断器、避雷器、电流互感器、带电显示器组成，适用于变压器馈线单元，如图3-2所示。

（3）断路器单元：由断路器、隔离/接地开关、避雷器、电流互感器、带电显示器组成，适用于馈线单元，如图3-3所示。

（4）母线设备单元：由负荷/隔离开关、熔断器、避雷器、电压互感器、带电显示器组成，适用于电压计量、保护和取电，如图3-4所示。

3.2.2　成套设备应用技术要求

3.2.2.1　成套设备整体要求。

（1）近期。

DTU柜集成计量功能，DTU具备分支/分界的相间故障检测与跳闸、接地故障检测功能。

DTU实现环进环出的零序电流、零序电压快速录波，采样速度不低于80

点/周波，实现单相接地检测功能。

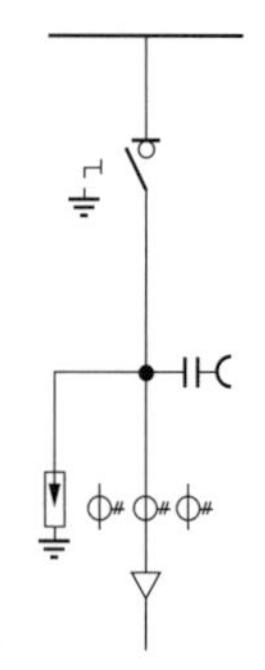

图 3-1　负荷开关单元

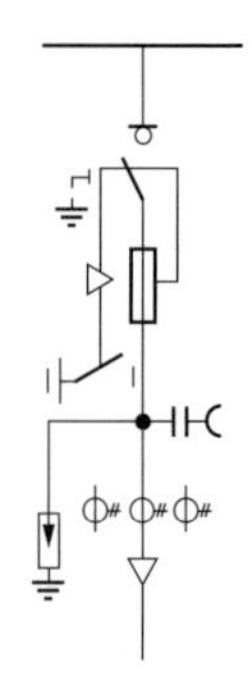

图 3-2　组合电器单元

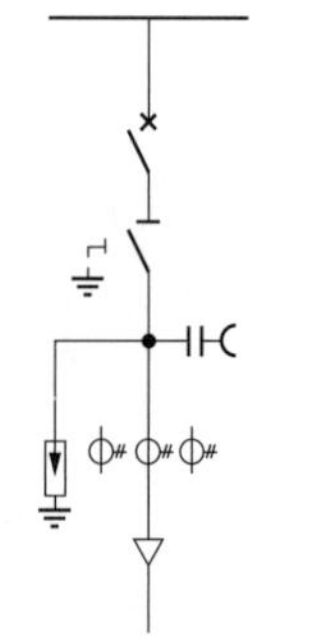

图 3-3　断路器单元

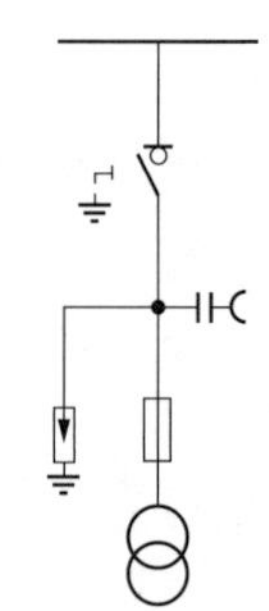

图 3-4　母线设备单元

采用独立的 TV 间隔，电压/电流互感器传感器采用如下两种配置方案。

方案一：采用电压/电流传感器技术方案，传感器配置如表 3-1 所示。

表 3-1　　环网柜采用电压/电流传感器配置方案

设备名称	数量	描　述
进出线开关间隔		
电流传感器	1 套	提供三相序（保护、测量、计量）电流信号和零序电流信号
母线 TV 间隔		
电磁式单相 TV 互感器	1 支	提供供电电源
电压传感器	1 套	提供三相序（测量、计量）电压信号和零序电压信号

方案二：采用电磁式互感器技术方案，互感器配置如表 3-2 所示。

表 3-2　　环网柜开关电磁式互感器配置方案

设备名称	数量	描　述
进出线开关间隔		
电磁式电流互感器	3 支	提供三相序（保护、测量、计量）电流信号，提供双绕组
电磁式电流互感器	1 支	提供零序电流信号（需进一步论证安装空间问题）
母线 TV 间隔		
电磁式三相（五柱）电压互感器	1 套	提供供电电源、三相序（测量、计量）电压信号和零序电压信号

DTU 单元柜与开关的连接电缆双端预制，全部采用航空插头，设备支持热插拔，不同厂家航空插头可互换；DTU 单元柜与开关柜成套供货，单元柜可整体更换。

DTU 屏柜技术要求如下：

1）DTU 屏柜采用遮蔽立式结构；

2）DTU 屏柜外形尺寸不大于 600mm×400mm×1700mm（宽×深×高，含预留的 400mm 通信箱高度）；

3）环网箱预留 DTU 安装空间统一尺寸，800mm×600mm×1800mm（宽×深×高）；

4）环网箱正面开门的高度不低于 1750mm。

（2）远期。

DTU 采用分布式模式，分布式 DTU 实现本间隔计量、相间与接地故障处理、测控功能；各间隔 DTU 通信方式接入通信单元，通信单元对上通信。

统一 DTU 核心单元对外接口、尺寸、安装方式；各间隔 DTU 和通信单元实现装置级可更换，支持热插拔。开关单元或开关柜整体供货；开关本体各模块标准化。

一次设备根据项目需求配置电缆测温、环境温度湿度传感器；DTU 预留电缆测温、环境温度湿度的采集端口、模块供电与安装接口。

3.2.2.2　抗凝露要求。

（1）防凝露：

1）规定环网柜基础距离地面不得低于 500mm，同时应设置不得小于 450mm×250mm 的通风口，通风口应有钢丝网防小动物进入，旁边应无其他阻碍物并根据周围环境适当增加数量，合理调整角度，确保空气对流畅通。

2）对环网柜地基连接处进行大面积严密封堵，安装防水隔离挡板再次形成隔断层，在其底部配合使用具有吸湿功能的封堵板料，有效吸附柜内空气水分，降低空气湿度，破坏凝露生成条件。

3）在环网柜二次室内安装加热除湿装置，在温度低于设定温度时启用加热器加热室内空气。

4）凝露较严重的地区，可通过风机将柜内湿气抽送到柜外。

（2）抗凝露。

1）近期：核心单元板件进行三防处理；

2）远期：配电终端核心单元具备装置级更换，提供 IP65 防护。

3.2.3 开关柜技术要求

（1）环网柜的设计应能在允许的基础误差和热胀冷缩的热效应下不致影响设备所保证的性能，并满足与其他设备连接的要求，与结构相同的所有可移开部件和元件在机械和电气上应有互换性。

（2）环进环出单元、馈线单元应装有能反映进出线侧有无电压，并具有联锁信号输出功能的带电显示装置。当线路侧带电时，应有闭锁操作接地开关及电缆室门的装置。

（3）操作电源采用 DC48V，储能电机功耗不大于 80W，合闸线圈瞬时功耗不大于 300W，分闸线圈瞬时功耗不大于 500W。

（4）采用气体灭弧的环网单元应装设气体监测设备（包括密度继电器，压力表），且该设备应设有阀门，以便在不拆卸的情况下进行校验。气体压力监测装置应配置状态信号输出接点。

（5）气箱防护等级应满足 GB 4208 规定的 IP67 要求。气体灭弧设备的气箱应能耐受正常工作和瞬态故障的压力，而不破损。

（6）环网柜应具有防污秽、防凝露功能，柜体采用百叶窗等利于通风的散热设计。

（7）遥信。环网柜应提供开关位置信号、未储能信号，满足遥信要求。

（8）遥测。

1）近期：整体满足保护、测量、计量等功能要求。环进环出单元和馈线单元装设高精度、宽范围的电流采样装置，采集三相电流、零序电流；母线设备单元装设高精度、宽范围的电压采样装置和取电装置，采集三相电压、零序电压。

2）远期：单元满足保护、测量、计量等功能要求。环进环出单元和馈线单元本体装设高精度、宽范围的电压/电流采样装置，采集三相电流、零序电流、三相电压、零序电压；母线单元装设取电装置。

（9）遥控：开关设备应配置电动操动机构，电操模块采用灌胶方式，可实现远方/就地操作；同时也具备手动操作功能，配置就地操作按钮和指示灯，DTU 可不配。

（10）柜间联络：近期各间隔单元出口采用军品级航空接插件，与 DTU 对接；远期各间隔单元安装三遥动作型 DTU，由供电与通信单元统一提供电源。

（11）环网柜采用电磁式互感器应配置电流、电压表，采用电压/电流传感器应配置数码显示表。

（12）断路器柜相间故障整组动作时间不大于 100ms。

（13）开关柜选用的负荷开关、断路器等设备功能和性能应满足 GB 1984、GB 1985、GB 3804、GB 16926 及 GB/T 11022 的规定。

3.2.4 互感器（传感器）及 DTU 技术要求

3.2.4.1 电压/电流传感器技术要求。

（1）电压传感器。电压传感器应满足 GB 20840.7—2007 电子式电压互感器要求，其中重要参数见表 2-3。

（2）电流传感器。电流传感器应满足 GB 20840.8—2007 电子式电流互感器要求，其中重要参数见表 2-4。

3.2.4.2 电磁式互感器技术要求。

（1）电磁式电压互感器。满足 GB 1207 电压互感器标准要求，其中重要参数见表 3-1。

表 3-1　　电磁式电压互感器参数

参　数	数　值
额定电压比	相电压：$(10kV/\sqrt{3})$ / $(0.1kV/\sqrt{3})$； 零序电压：$(10kV/\sqrt{3})$ / $(0.1kV/3)$； 供电：$(10kV/\sqrt{3})$ / $(0.22kV)$

续表

参　　数	数　　值
准确级	相电压：0.5级； 零序电压：3P
实现方式	三相五柱式，提供电压采集与供电线圈
单相输出容量	不小于30VA
零序输出容量	不小于30VA
供电容量	不小于300VA，短时容量不小于3000VA/1s
局部放电	不大于10pC（1.2U_m）
温度范围	−40～70℃

（2）电磁式电流互感器。满足GB 1208电流互感器要求，其中重要参数见表3-2。

表3-2　　电磁式电流互感器参数

参　　数	数　　值
额定电流比	保护相电流：300/1A或600/1A； 计量电流：300/1A或600/1A； 零序电流：20/1A
准确级	保护相电流：0.5、5P10（共用绕组）； 计量电流：0.5S； 零序电流：5P
实现方式	保护、计量分开线圈
保护输出容量	不小于2.5VA
计量输出容量	不小于2.5VA
零序输出容量	不小于1VA
温度范围	−40～70℃
防开路要求	开关内部加装防开路装置

注　从环网柜的母线指向线路为正方向。

3.2.4.3　控制单元技术要求。

（1）计量功能要求。DTU采用配电线损采集模块实现计量功能。

1）间隔计量功能，包括正反向有功电量计算、四象限无功电量计算和功率因数计算。

2）间隔计量数据冻结功能，包括日冻结数据，功率方向改变时的冻结数据。

3）有功电量计算为0.5S精度、无功电量计算为2级精度，功率因数分辨率0.01。

（2）测量功能要求。采集各线路的三相电压、三相电流、有功功率、无功功率、功率因数、频率、零序电流和零序电压。

（3）故障处理功能要求。

1）应满足Q/GDW 514《配电自动化终端/子站功能规范》及《配电自动化终端技术规范》相关要求。

2）具备馈线间隔的相间故障检测及跳闸功能、相间故障信息上传功能。

3）具备环进环出单元接地故障的检测与接地故障信息上传功能；具备接地故障录波与通信上传功能，接地录波每周波80点以上。

（4）计量功能与互感器（传感器）接口要求。

1）模拟量输入采用电压/电流传感器。

a）保护、测量、计量电压：三相额定3.25V/$\sqrt{3}$；测量精度0.5级。

b）保护、测量、计量电流：按间隔配置传感器；三相；额定1V；保护测量精度不大于3%；测量精度0.5级；计量精度0.5S。

c）零序电流：按间隔配置传感器；额定0.2V；测量精度0.5级。

d）零序电压：额定6.5V/3；测量精度0.5级。

2）模拟量输入采用电磁式互感器。

a）保护、测量、计量电压：采集1组母线电压；三相额定100V/3；测量精度0.5级。

b）零序电压：1路；额定100V/3；测量精度0.5级。

c）保护测量电流：按间隔配置互感器；三相额定1A；测量不大于0.5%（不大于1.2I_n）；保护测量精度3%；短期过量交流输入电流施加标称值的2000%，持续时间小于1s，配电终端应工作正常。

d）零序电流（非有效接地系统）：按间隔配置互感器；额定1A；测量精度不大于0.5%。

e）零序电流（有效接地系统）：按间隔配置互感器；额定 1A；测量精度 3%。

f）计量电流：按间隔配置互感器；三相额定 1A；0.5S。

（5）功耗要求。

“三遥”DTU 整机功耗不大于 50VA（含配电线损采集模块，不含通信模块、后备电源）。

（6）DTU 面板布局。

遮蔽立式站（所）终端控制面板平面布置如图 3-7 所示，DTU 装置面板示意图如图 3-8 所示。

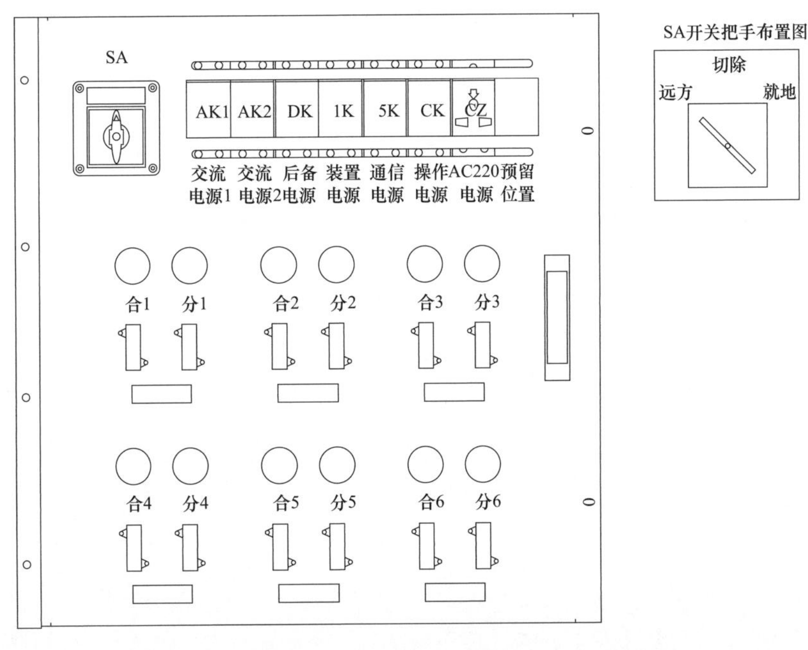

图 3-7　遮蔽立式站（所）终端控制面板平面布置

3.2.5　接口要求

3.2.5.1　操作电源的配置。

操作电源可采用 DC48V，配电站并配置自动化接口。要求控制回路、辅助回路、储能回路采用同一工作电压。

供电 TV 为二次设备提供 AC220V 电源，操作回路统一由二次设备提供电源，操作回路在二次设备中设置独立空气开关控制，操作回路输出统一按组

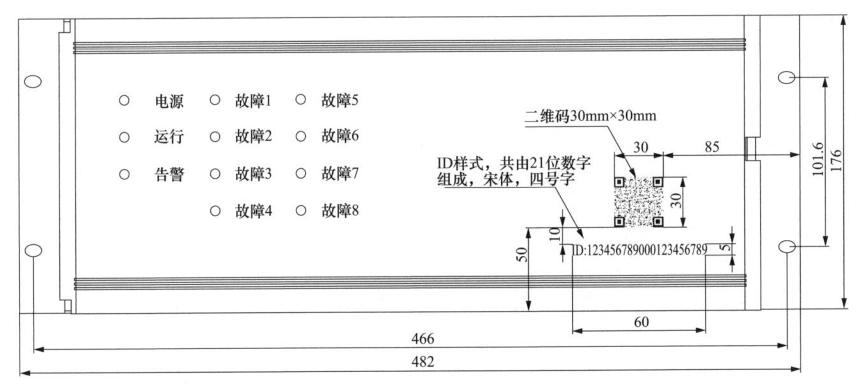

图 3-8　DTU 装置面板示意图

输出。

3.2.5.2　电缆及接线端子。

（1）航空插头或其他预制连接件按不同功能进行划分，布置应考虑各插件的位置，避免接线相互交叉。

（2）航空插头或其他预制连接件应符合标准，正/负极之间应有间隔，断路器的跳闸和合闸回路、直流（+）电源和跳合闸回路不能接在相邻端子上，并留有一定的备用端子等，端子应编号。

（3）按照“功能分段”的原则，按照如下要求分别设置：电流互感器回路、电压互感器回路、交流电源回路、直流电源回路、开关控制操作回路。

各单元柜之间的接口配置如下（近期）：

（1）采用电压/电流传感器。

1）TV 柜。

采用 1 根电缆、4 芯航空插头引出供电电源（采用电磁式 TV 从母线取电），航空插头引脚定义见表 B.5。

采用 1 根电缆、10 芯航空插头引出相/零序电压信号（从母线采集），电压信号经成对双绞线接入到 DTU 柜体的航空插头，转屏蔽双绞线接入装置。航空插头引脚定义见表 B.6。

2）各开关间隔单元柜。

采用 1 个电缆、26 芯航空插头传输各间隔相/零序电流、控制信号，电流信号经成对双绞线接入到 DTU 柜体的航空插头，转屏蔽双绞线接入装置。航

空插头引脚定义见表 B.7。

3）DTU 单元柜。

DTU 单元柜的航空插头接口包括供电电源接口（4 芯，1 个）、电压输入接口（10 芯，1 个）、电流输入与控制信号接口（26 芯，航空插头数量与开关间隔单元柜数量一致）。

（2）采用电磁式互感器。

1）TV 柜。

采用 1 根电缆、4 芯航空插头引出供电电源（采用电磁式 TV 从母线取电），航空插头引脚定义见表 B.5。

采用 1 根电缆、10 芯航空插头引出相/零序电压信号（从母线采集），航空插头引脚定义见表 B.8。

2）各开关间隔单元柜。

采用 1 根电缆、26 芯航空插头传输各间隔相/零序电流、控制信号，航空插头引脚定义见表 B.9。

3）DTU 单元柜。

DTU 单元柜的航空插头接口包括供电电源接口（4 芯，1 个）、电压输入接口（10 芯，1 个）、电流输入与控制信号接口（26 芯，航空插头数量与开关间隔单元柜数量一致）。

3.2.6　通信

配电终端应同时具备光纤、无线通信接口，通信要求应满足 Q/GDW 514《配电自动化终端/子站功能规范》及《配电自动化终端技术规范》相关要求。

4 配电线损采集模块技术要求

4.1 总体要求

4.1.1 用于 FTU 的配电线损采集模块

(1) 配电线损采集模块内置于 FTU 中，支持热插拔，可进行单独计量、校验，满足计量取证及型式实验的要求；

(2) 采用 RS232/RS485 与 FTU 进行通信，电源采用 DC24V 或 DC5V 供电；

(3) 采用电压/电流传感器进行计量采样，将 FTU “1 拖 2” 模块中的计量信号用屏蔽线缆的方式接入配电线损采集模块。

4.1.2 用于 DTU 的配电线损采集模块

(1) 电磁式互感器：

1) 配电线损采集模块内置于 DTU 箱体中，采用端子的方式，将 DTU 中用于计量的电压、电流信号接入配电线损采集模块中，满足计量取证及型式实验的要求；

2) 采用 RS232/RS485 与 DTU 进行通信，电源采用 DC48V 供电。

(2) 电压/电流传感器：

1) 配电线损采集模块内置于 DTU 箱体中，支持热插拔，采用航空插头与屏蔽线缆的方式，将 DTU 中用于计量的电压电流信号接入配电线损采集模块中，满足计量取证及型式实验的要求；

2) 采用 RS232/RS485 与 DTU 进行通信，电源采用 DC48V 供电；

3) 采用电压/电流传感器进行计量采样，将 DTU “1 拖 2” 模块中的计量信号用屏蔽线缆的方式接入配电线损采集模块。

4.2 规格要求

4.2.1 准确度等级

配电线损采集模块有功电能计量准确度 0.5S 等级，无功电能计量准确度 2 级。

4.2.2 参比电压

参比电压见表 4-1。

表 4-1 参 比 电 压

一次侧电压	3× (10kV/$\sqrt{3}$)
经电压传感器转换输出	3× (3.25V/$\sqrt{3}$)
经电磁式电压互感器输出（只针对 DTU）	3×100V/$\sqrt{3}$

4.2.3 参比电流

参比电流见表 4-2。

表 4-2 参 比 电 流

一次侧电流	300A/600A
经电流传感器转换输出	1V
经电磁式电流互感器输出（只针对 DTU）	3×1A

4.2.4 标准的参比频率

参比频率的标准值为50Hz。

4.2.5 配电线损采集模块常数

推荐脉冲常数见表4-3。

表4-3　　配电线损采集模块推荐脉冲常数表

接入方式	电压（V）	最大电流	推荐常数
一次侧接入	$3\times(10\text{kV}/\sqrt{3})$	1200A/2400A（$4I_n$）	3200 imp/MWh
经电压/电流传感器接入	$3\times(3.25\text{V}/\sqrt{3})$	4V	
经电磁式互感器接入（只针对DTU）	$3\times100\text{V}/\sqrt{3}$	3×4A	30000 imp/kWh

4.3 接口及结构要求

4.3.1 脉冲输出

应具备与所计量的电能量（有功/无功）成正比的光脉冲输出和电脉冲输出。

光脉冲输出采用超亮、长寿命LED器件。

电脉冲输出应有电气隔离，并能从正面采集。

电能量脉冲输出宽度为：80ms±16ms。电脉冲输出在有脉冲输出时，通过5mA电流时脉冲输出口的压降不得高于0.8V；在没有脉冲输出时，脉冲输出口直流阻抗应不小于100kΩ。

4.3.2 RS232/RS485通信接口

RS232/RS485通信接口必须和配电线损采集模块内部电路实行电气隔离，并有失效保护电路。

RS232/RS485接口通信速率可设置，标准速率为1200、2400、4800、9600bit/s，缺省值为9600bit/s。

RS232/RS485接口通信遵循DL/T 634.5101—2002协议及其备案文件。

4.3.3 电源及功耗要求

（1）电源。配电线损采集模块供电电源取自配电终端直流电源，电源输入接口与内部电路实现电气隔离。提供超级电容后备电源，当配电线损采集模块直流输入工作电源掉电时，后备电源可提供系统工作电源，维持运行时间不低于5s。

供电电源技术参数如下：

1）用于箱式FTU的配电线损采集模块，额定输入：DC24V。支持DC18V～DC36V宽范围输入，纹波不大于5%。

2）用于罩式FTU的配电线损采集模块，额定输入：DC5V。其标称电压允许偏差为－10%～＋10%，纹波不大于5%。

3）用于DTU的配电线损采集模块，额定输入：DC48V。支持DC36V～DC72V宽范围输入。

（2）功耗。

1）配套FTU使用的配电线损采集模块整机功耗不大于2W。

2）配套DTU使用的配电线损采集模块整机功耗不大于10W。

4.3.4 结构及接口定义

（1）箱式馈线终端（FTU）配电线损采集模块，尺寸不大于90mm（长）×70mm（宽）×45mm（厚），结构示意图如图4-1所示。

电流接口采用6芯航空插头，电压接口采用7芯航空插头，通信及电源接口采用5.08mm间距插拔式接线端子（5芯端子），脉冲接口采用5.08mm间距插拔式接线端子（4芯端子），具体接口定义见表B.10。

（2）DTU配电线损采集模块（配套电压/电流传感器）。尺寸为标准19英寸机柜1U，前面板可灵活配置4路、6路、8路电流，2路电压，工作电源DC48V，RS232/RS485通信接口；采用DB25接口的形式连接每路有功无功输出脉冲（可灵活配置4路、6路、8路，每路包括有功脉冲输出正、无功脉冲输出正、脉冲输出公共端），用于检定配电线损采集模块。

如图4-2所示，电流接口采用6芯航空插头，电压接口采用7芯航空插头，通信及电源接口采用5.08mm间距插拔式接线端子（5芯端子），脉冲接口采用DB25公头接口，具体定义如表B.11所示。

（3）DTU配电线损采集模块（配套电磁式互感器），尺寸为标准19英寸机柜2U，前面板可灵活配置4路、6路、8路电流，2路电压，工作电源DC48V，RS232/RS485通信接口；采用DB25接口的形式连接每路有功无功输出脉冲（可灵活配置4路、6路、8路，每路包括有功脉冲输出正、无功脉冲输出正、脉冲输出公共端），用于检定配电线损采集模块。

如图4-3所示，电流接口采用JP12型端子，电压接口采用5.08mm间距插拔式接线端子（4芯端子），通信及电源接口采用5.08mm间距插拔式接线端子（5芯端子），脉冲接口采用DB25公头接口，端子定义如表B.12所示。

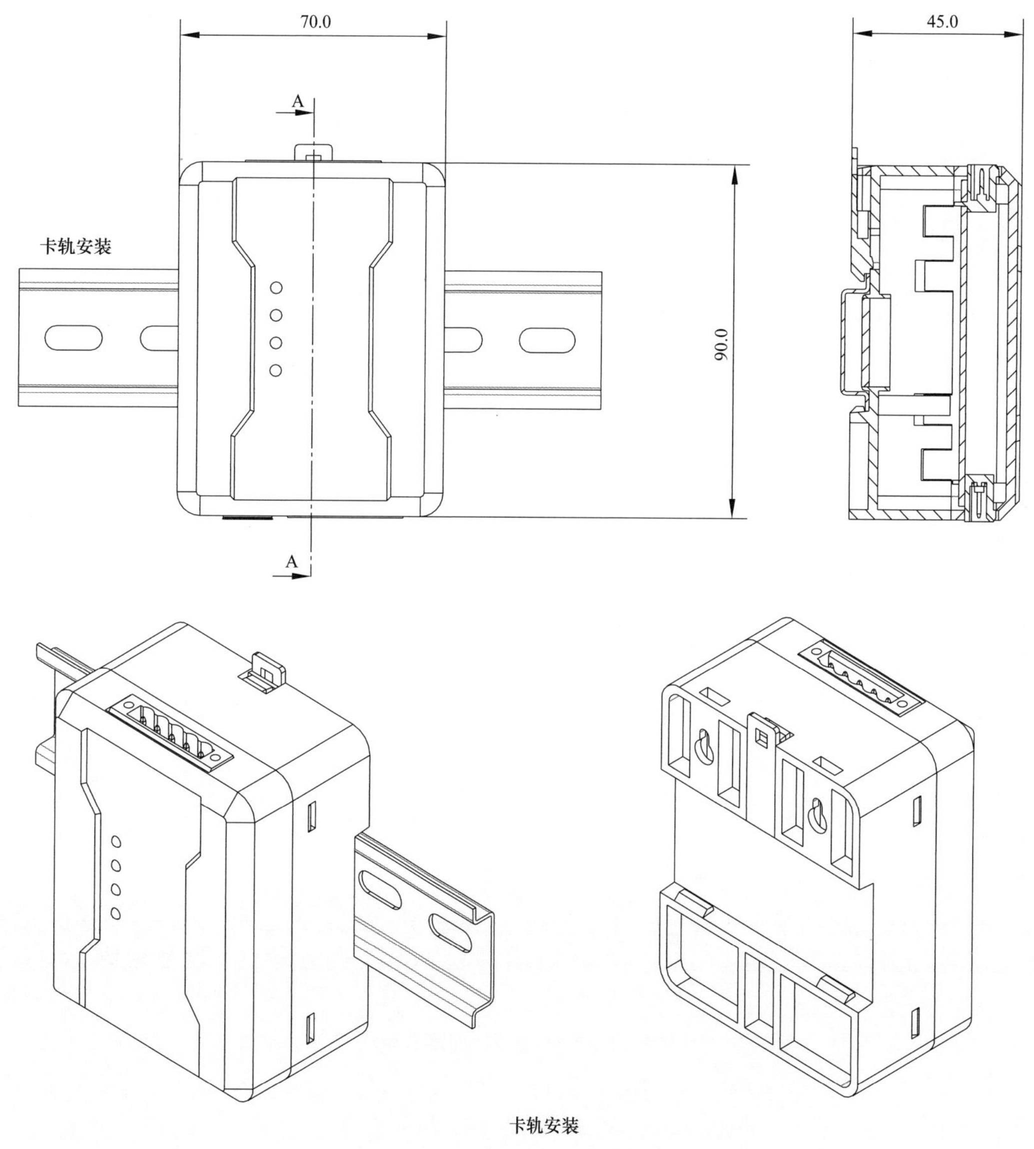

图 4-1　箱式 FTU 配电线损采集模块结构示意图

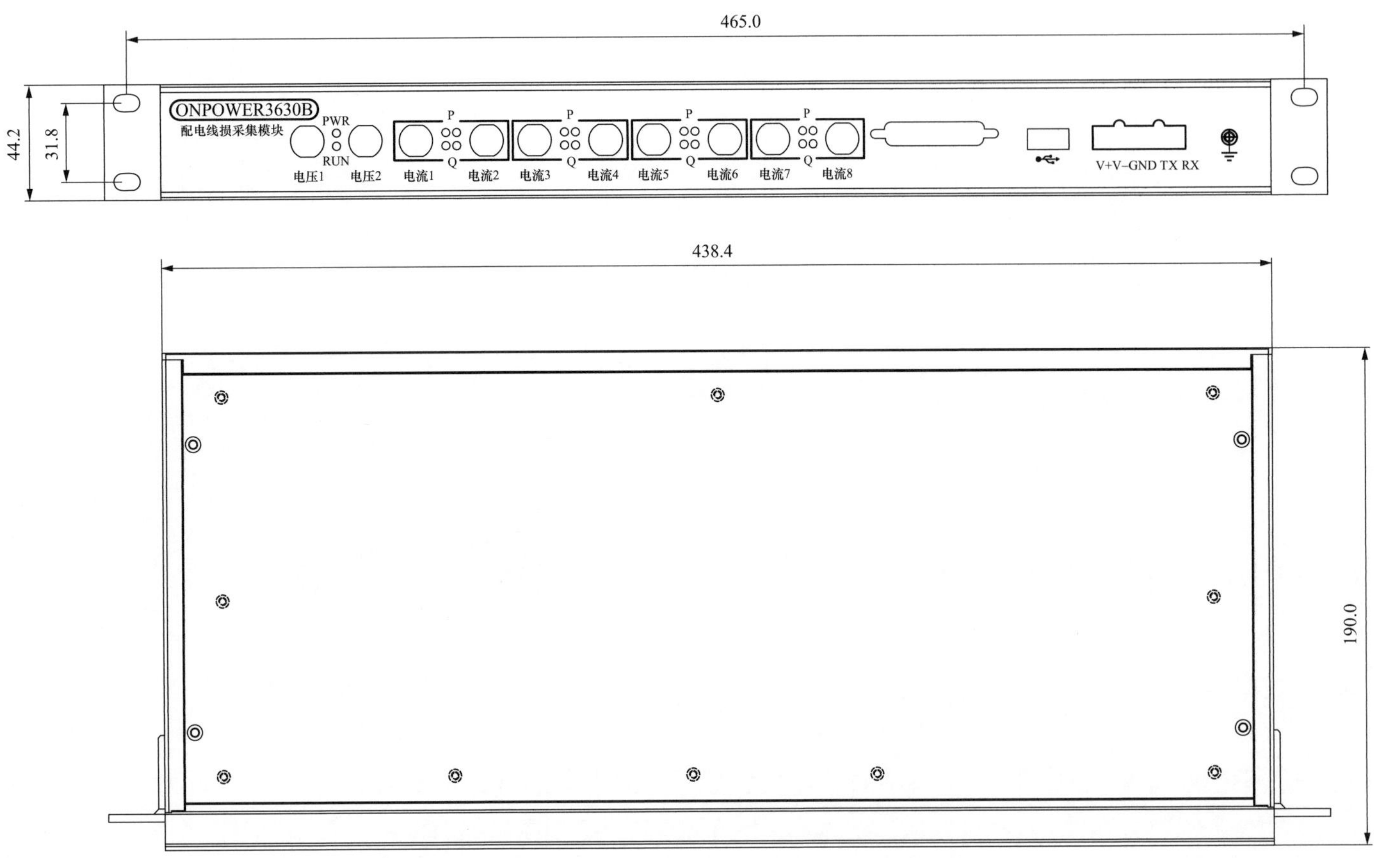

图 4-2　DTU 配电线损采集模块前面板端子位置示意图

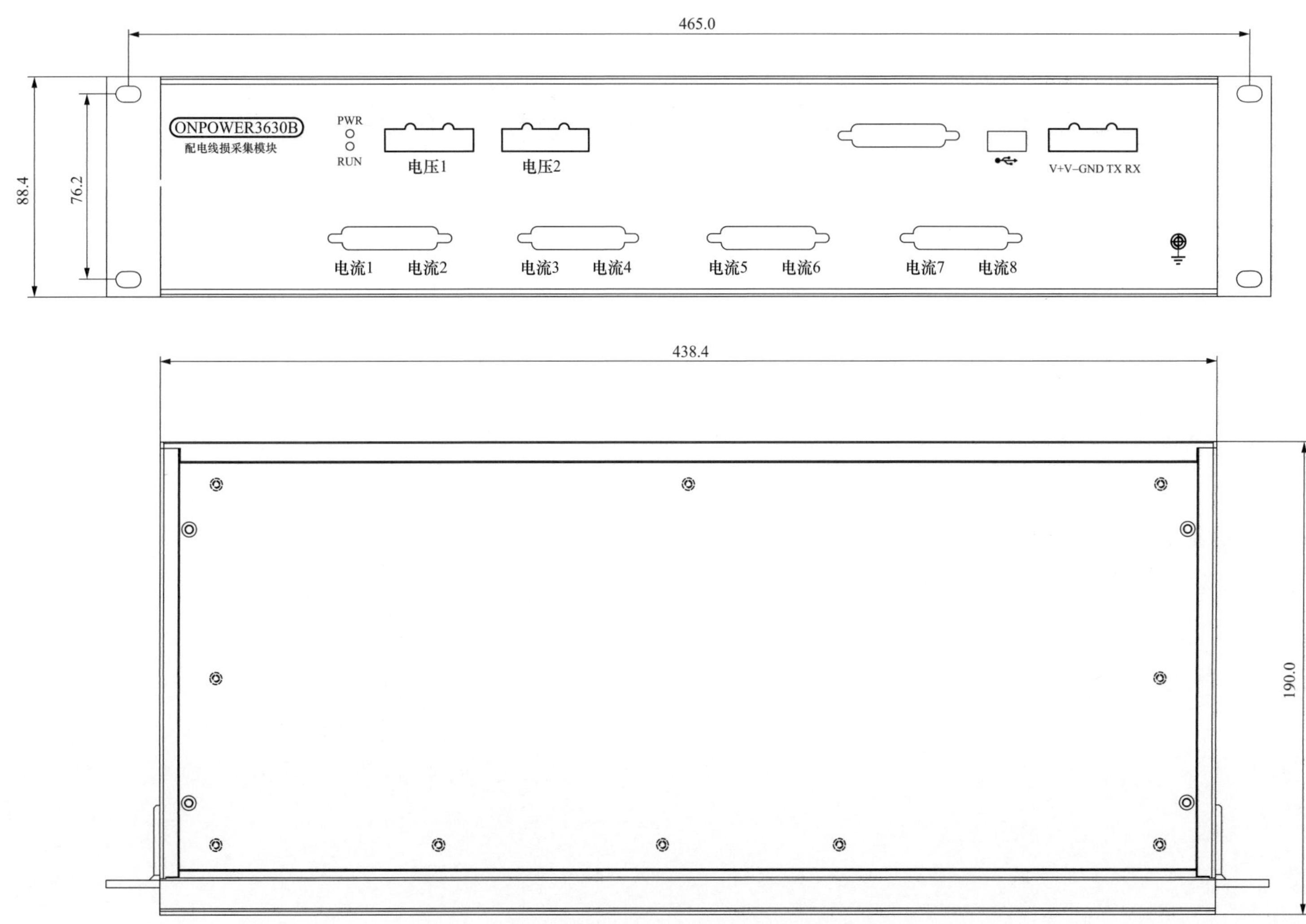

图 4-3　DTU 配电线损采集模块前面板端子位置示意图

一二次融合成套配电设备一体化专业检测方案

1 检测对象

一二次融合成套配电设备一体化专业检测对象包括：

(1) 一二次融合成套柱上断路器及其组成设备；

(2) 一二次融合成套柱上负荷开关及其组成设备；

(3) 一二次融合成套环网箱及其组成设备。

2 检测项目及要求

2.1 一二次融合成套配电设备一体化专业检测项目

一二次融合成套配电设备一体化专业检测项目包括：

(1) 结构及配置；

(2) 外观检查；

(3) 绝缘电阻试验；

(4) 绝缘强度试验；

(5) 工频电压试验；

(6) 冲击电压试验；

(7) 准确度试验；

(8) 配套电源带载能力试验；

(9) 后备电源带载能力试验；

(10) 功耗试验；

(11) 基本功能试验；

(12) 传动功能试验；

(13) 故障检测与处理试验；

(14) 防抖动功能试验；

(15) 馈线自动化功能试验；

(16) 静电放电抗扰度试验；

(17) 电快速瞬变脉冲群抗扰度试验；

(18) 振荡波抗扰度试验；

(19) 浪涌抗扰度试验。

2.2 一二次融合成套配电设备一体化专业检测要求

一二次融合成套配电设备一体化专业检测要求见附录C。

附录 A　国家电网公司 2016 年 10kV 一体化柱上变压器台专业检测大纲

10kV 一体化柱上变压器台专业检测项目及要求见表 A.1。

表 A.1　　10kV 一体化柱上变压器台专业检测项目及要求

序号	试验项目		检　测　要　求
1	外观检查		(1) 铭牌。铭牌尺寸为 150mm×92mm；纵向一体化变台铭牌安装在与变压器同一侧的综合配电箱右侧门的中间位置，综合配电箱铭牌安装在变压器铭牌正下方的中间位置，距箱门下底边 2cm；横向一体化变台铭牌安装在综合配电箱右侧门的中间位置，综合配电箱的铭牌安装在左门下侧，距箱门下底边 2cm。 (2) 设备外观颜色。变压器外观颜色采用海灰 B05，综合配电箱外表面壳喷塑海灰 B05，热镀锌支架不再喷涂颜色。 (3) 标志标识。在台架两侧电杆上安装“禁止攀登，高压危险”警示牌，尺寸为 300mm×240mm，禁止标志牌长方形衬底色为白色，带斜杠的圆边框为红色，标志符号为黑色，辅助标志为红底白字、黑体字，字号根据标志牌尺寸、字数调整；在台架正面变压器托担中央安装变压器铭牌，铭牌尺寸为 300mm×240mm（不带框），白底红色黑体字，字号根据标志牌尺寸、字数调整；安装上沿与变压器托担上沿对齐，并用钢带固定在托担上；标志标识牌、设备铭牌及整体设备任何位置不得喷涂国家电网公司的标志。 (4) 设备尺寸。100kVA（50kVA）综合配电箱外形尺寸为 1000mm×650mm×700mm（宽×深×高），400kVA（200kVA）综合配电箱外形尺寸为 1350mm×700mm×1200mm（宽×深×高）。综合配电箱采用绝缘母线系统结构，并加装防凝露装置。综合配电箱外壳的焊接与组装应牢固，焊缝应光洁均匀，无焊穿、裂纹、溅渣、气孔等现象
2	配置及结构	变压器	变压器应选用不低于 GB 20052—2013 中二级能效等级、全密封、全绝缘油浸式变压器，容量包括 50kVA、100kVA、200kVA、400kVA 四种规格
		综合配电箱	综合配电箱空间应满足 1 回进线、2 回馈线、计量、无功补偿（变压器容量 100kVA 及以下不配置）、智能配变终端等设备的安装要求，综合配电箱采用绝缘母线系统结构

续表

序号	试验项目		检　测　要　求
2	配置及结构	进线配置	(1) 10kV 选用跌落式熔断器或封闭型熔断器。 (2) 0.4kV 进线选用熔断器式隔离开关
		接地系统	10kV 小电流接地系统接地电阻不大于 4Ω，保护接地与工作接地汇集一点设置；当采用大电流接地系统时，保护接地和工作接地需分开设置
		无功补偿装置	(1) 50kVA、100kVA 台区产品不配置无功补偿。 (2) 200kVA 台区产品按 60kvar 容量配置，配置方式为共补 5+2×10+20kvar、分补 5+10kvar。 (3) 400kVA 台区产品按 120kvar 容量配置，配置方式为共补 3×10+3×20kvar、分补 10+20kvar
3	接地连续性试验		一体化柱上变压器台内任一可能接地的点到主接地点在 30A（DC）电流条件下试验，电压降应不大于 3V
4	工频耐压试验		(1) 变压器模块高压带电部件与绝缘材料制成或覆盖的外壳试验电压值：42kV/1min；变压器模块高压侧试验电压值：35kV/min；变压器模块低压侧试验电压值：5kV/min。 (2) 低压预制母线、综合配电箱的相间、对地、低压断口的试验电压值：2.5kV/5s；低压模块内辅助回路试验电压值：2kV/5s。 (3) 在试验过程中，无击穿、闪络、放电现象为合格
5	雷电冲击试验		(1) 试验脉冲电压值：高压侧全波 75kV，截波 85kV。 (2) 低压预制母线、综合配电箱的每个极性应施加 1.2/50μs 的冲击电压 5 次，间隔时间至少为 1s。试验脉冲电压：6kV（全波）。 (3) 在试验过程中，无击穿、闪络、放电现象为合格
6	温升试验		(1) 变压器、低压预制母线和综合配电箱的温升试验应同时进行。 (2) 变压器：顶层绝缘液体温升小于等于 60K；绕组平均温升小于等于 65K。 (3) 综合配电箱：主回路温升小于等于 70K，壳体温升小于等于 40K，手柄温升小于等于 15K

续表

序号	试验项目	检　测　要　求
7	电容器涌流试验	涌流值应不大于5倍额定电流
8	电容器动态响应时间测试	动态响应时间不大于1s，准确率不低于99%
9	电容器投切试验	在断口电压等于零时合闸，投切各支路电容器100次，每相电流过零时分闸，准确率不低于98%
10	电容器放电试验	每组电容器组连续测量5次，每次放电时间应不大于3min

续表

序号	试验项目		检　测　要　求
11	剩余电流动作保护器试验	动作特性试验	（1）在基准温度或在+40℃环境温度，和额定电流条件下进行动作特性试验。 （2）剩余电流不动作值：0.7In
		剩余电流动作可靠性试验	（1）In≤100A时，剩余电流动作测量极限误差为20%；In>100A时，剩余电流动作测量极限误差为10%。 （2）额定剩余电流下的动作时间应具有一致性，动作时间分散性范围为±0.02s

附录 B　配电一二次设备连接件电气引脚定义

表 B.1　　柱上开关 37 芯航空插件管脚电气定义

开关侧连接器引脚	配弹簧机构开关			配永磁机构开关			配电磁机构开关		
	标记	标记说明	导线规格	标记	标记说明	导线规格	标记	标记说明	导线规格
1	YXCOM	遥信公共端	RVVP1.5mm²	YXCOM	遥信公共端	RVVP1.5mm²	YXCOM	遥信公共端	RVVP1.5mm²
2	HW	合位	RVVP1.5mm²	HW	合位	RVVP1.5mm²	HW	合位	RVVP1.5mm²
3	CN−	储能−	RVVP1.5mm²						
4	CN+	储能+	RVVP1.5mm²						
5				YXDY（可选）	遥信电源−	RVVP1.5mm²			
6	FW（可选）	分位	RVVP1.5mm²	FW	分位	RVVP1.5mm²	FW（可选）	分位	RVVP1.5mm²
7	HZ−	合闸−	RVVP1.5mm²	HZ−	合闸−/线圈−	RVVP1.5mm²	HZ−	合闸−	RVVP1.5mm²
8	HZ+	合闸+	RVVP1.5mm²	HZ+	合闸+/线圈+	RVVP1.5mm²	HZ+	合闸+	RVVP1.5mm²
9									
10	Ia+	A 相电流+	RVVP1.5mm²	Ia+	A 相电流+	RVVP1.5mm²	Ia+	A 相电流+	RVVP1.5mm²
11	WCN	未储能	RVVP1.5mm²						
12	FZ−	分闸−	RVVP1.5mm²	FZ−	分闸−	RVVP1.5mm²			
13	FZ+	分闸+	RVVP1.5mm²	FZ+	分闸+	RVVP1.5mm²			
14									

开关侧连接器引脚	配弹簧机构开关			配永磁机构开关			配电磁机构开关		
	标记	标记说明	导线规格	标记	标记说明	导线规格	标记	标记说明	导线规格
15	Ib+	B相电流+	RVSP0.5mm²	Ib+	B相电流+	RVSP0.5mm²	Ib+	B相电流+	RVSP0.5mm²
16	Ia−	A相电流−	RVSP0.5mm²	Ia−	A相电流−	RVSP0.5mm²	Ia−	A相电流−	RVSP0.5mm²
17	Ucom	电压公共端	屏蔽线缆	Ucom	电压公共端	屏蔽线缆	Ucom	电压公共端	屏蔽线缆
18	U0+	零序电压+	屏蔽线缆	U0+	零序电压+	屏蔽线缆	U0+	零序电压+	屏蔽线缆
19	Ua+	A相电压+	屏蔽线缆	Ua+	A相电压+	屏蔽线缆	Ua+	A相电压+	屏蔽线缆
20	Ic+	C相电流+	RVSP0.5mm²	Ic+	C相电流+	RVSP0.5mm²	Ic+	C相电流+	RVSP0.5mm²
21	Ib−	B相电流−	RVSP0.5mm²	Ib−	B相电流−	RVSP0.5mm²	Ib−	B相电流−	RVSP0.5mm²
22	Uc+	C相电压+	屏蔽线缆	Uc+	C相电压+	屏蔽线缆	Uc+	C相电压+	屏蔽线缆
23	Ub+	B相电压+	屏蔽线缆	Ub+	B相电压+	屏蔽线缆	Ub+	B相电压+	屏蔽线缆
24	I0+	零序电流+	RVSP0.5mm²	I0+	零序电流+	RVSP0.5mm²	I0+	零序电流+	RVSP0.5mm²
25	Ic−	C相电流−	RVSP0.5mm²	Ic−	C相电流−	RVSP0.5mm²	Ic−	C相电流−	RVSP0.5mm²
26	I0−	零序电流−	RVSP0.5mm²	I0−	零序电流−	RVSP0.5mm²	I0−	零序电流−	RVSP0.5mm²

表 B.2　FTU 工作电源航空插头引脚定义

引脚号	标记	标记说明	电缆规格	备注	图　示
1	Ul1	工作电源1（交流火线）	RVVP1.5mm²		3　4 2　1
2	Un1	工作电源1（交流火线）	RVVP1.5mm²		
3	Ul2	工作电源2（交流零线）	RVVP1.5mm²		
4	Un2	工作电源2（交流零线）	RVVP1.5mm²		

表 B.3　　FTU 电流/电压输入接口引脚定义

引脚号	标记	标记说明	电缆规格	图　示
1	I0＋	零序电流＋	RVSP0.5mm²	
2	I0－	零序电流－	RVSP0.5mm²	
3	Ib＋	B 相电流＋	RVSP0.5mm²	
4	Ic＋	C 相电流＋	RVSP0.5mm²	
5	Ic－	C 相电流－	RVSP0.5mm²	
6	Ib－	B 相电流－	RVSP0.5mm²	
7	Ia＋	A 相电流＋	RVSP0.5mm²	
8	Ia－	A 相电流－	RVSP0.5mm²	
9				
10	Ua＋	A 相电压＋	屏蔽线缆	
11	Ub＋	B 相电压＋	屏蔽线缆	
12	Uc＋	C 相电压＋	屏蔽线缆	
13	U0＋	零序电压＋	屏蔽线缆	
14	Ucom	电压公共端	屏蔽线缆	

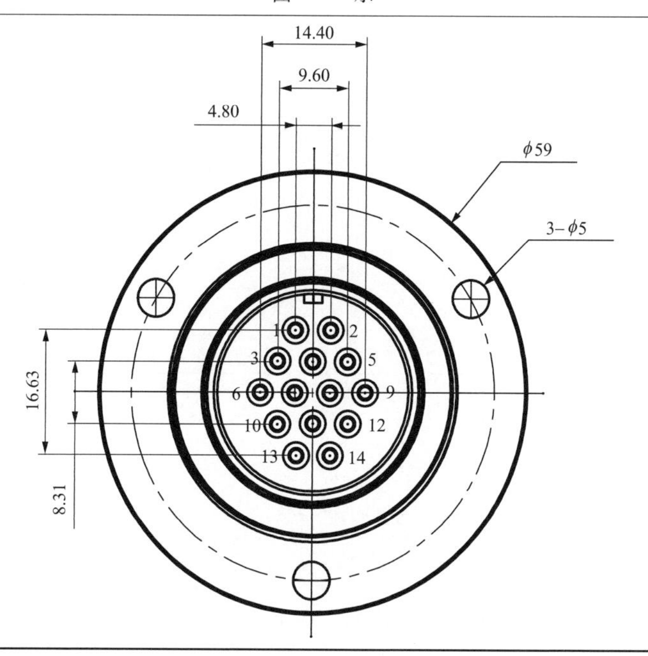

表 B.4　　FTU 控制信号航空插头引脚定义

开关侧连接器引脚	标记	标记说明	导线规格	图　示
1	HW	合位	RVVP1.5mm²	
2	FW	分位	RVVP1.5mm²	
3	CN－	储能－	RVVP1.5mm²	
4	CN＋	储能＋	RVVP1.5mm²	
5	WCN	未储能位	RVVP1.5mm²	
6	YXCOM	遥信公共端	RVVP1.5mm²	
7	HZ－	合闸－	RVVP1.5mm²	
8	HZ＋	合闸＋	RVVP1.5mm²	
9	FZ－	分闸－	RVVP1.5mm²	
10	FZ＋	分闸＋	RVVP1.5mm²	

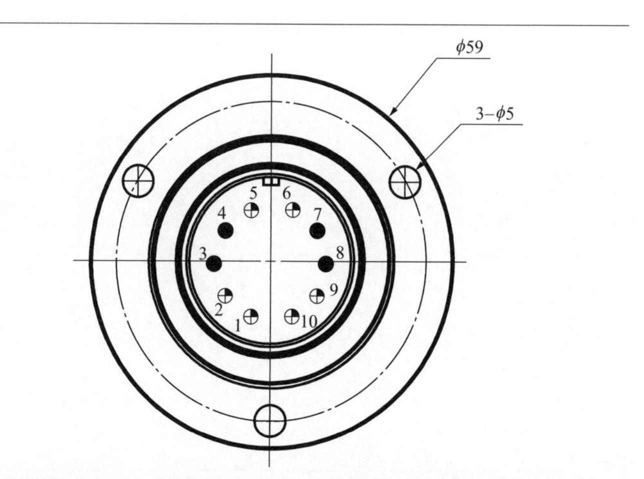

表 B.5　　DTU 工作电源航空插头引脚定义

引脚号	标记	标记说明	电缆规格	备注	图　示
1	Ul1	工作电源 1（交流火线/直流正）	RVVP1.5mm^2		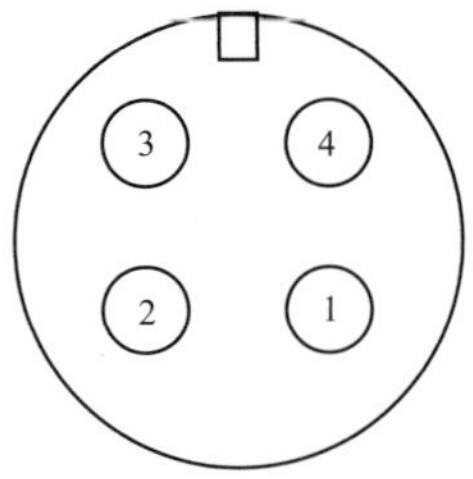
2	BY1	备用 1			
3	Un1	工作电源 1（交流零线/直流地）	RVVP1.5mm^2		
4	BY2	备用 2			

表 B.6　　DTU 电压输入航空插头引脚定义（配套电压/电流传感器）

引脚号	标记	标记说明	电缆规格	备注	图　示
1	Ua+	A 相电压正端（计量/测量）	屏蔽双绞线		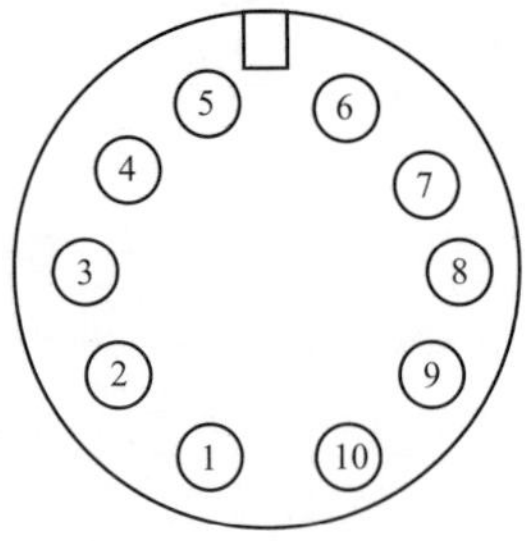
2	Ua−	A 相电压负端（计量/测量）	屏蔽双绞线		
3	Ub+	B 相电压正端（计量/测量）	屏蔽双绞线		
4	Ub−	B 相电压负端（计量/测量）	屏蔽双绞线		
5	Uc+	C 相电压正端（计量/测量）	屏蔽双绞线		
6	Uc−	C 相电压负端（计量/测量）	屏蔽双绞线		
7	U0+	零序电压	屏蔽双绞线		
8	U0−	零序电压公共端	屏蔽双绞线		
9	BY1	备用 1			
10	BY2	备用 2			

表 B.7　　DTU 电流输入与控制信号航空插头引脚定义（配套电压/电流传感器）

各开关间隔电流采集与控制信号接口引脚定义及接线要求					
引脚号	标记	标记说明	电缆规格	备注	图　　示
1	YXCOM	遥信公共端	RVVP1.0mm²		
2	HW	合位	RVVP1.0mm²		
3	CN－	储能－	RVVP1.5mm²		
4	CN＋	储能＋	RVVP1.5mm²		
5					
6	FW	分位	RVVP1.0mm²		
7	HZ－	合闸－	RVVP1.5mm²		
8	HZ＋	合闸＋	RVVP1.5mm²		
9					
10	Ia＋	A 相电流＋	屏蔽双绞线		
11	WCN	未储能位	RVVP1.0mm²		
12	FZ－	分闸－	RVVP1.5mm²		
13	FZ＋	分闸＋	RVVP1.5mm²		
14					
15	Ib＋	B 相电流＋	屏蔽双绞线		
16	Ia－	A 相电流－	屏蔽双绞线		
17	DDW	地刀位置	RVVP1.0mm²		
18	DQYBJ	低气压报警	RVVP1.0mm²	可选	
19					
20	Ic＋	C 相电流＋	屏蔽双绞线		
21	Ib－	B 相电流－	屏蔽双绞线		
22	DQYBS	低气压闭锁	RVVP1.0mm²	可选	
23					
24	I0＋	零序电流＋	屏蔽双绞线		
25	Ic－	C 相电流－	屏蔽双绞线		
26	I0－	零序电流－	屏蔽双绞线		

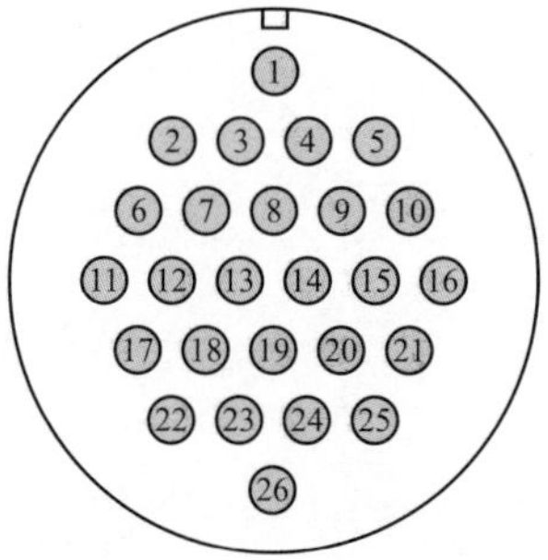

表 B.8　　DTU 电压输入端子定义（配套电磁式互感器）

电压采集接口引脚定义及接线要求					
引脚号	标记	标记说明	电缆规格	备注	图　示
1	Ua	A 相电压（计量/测量）	RVVP1.5mm^2		
2	Ub	B 相电压（计量/测量）	RVVP1.5mm^2		
3	Uc	C 相电压（计量/测量）	RVVP1.5mm^2		
4	Un	相电压公共端	RVVP1.5mm^2		
5	U0	零序电压	RVVP1.5mm^2		
6	U0n	零序电压公共端	RVVP1.5mm^2		
7	BY1	备用			
8	BY2	备用			
9	BY3	备用			
10	BY4	备用			

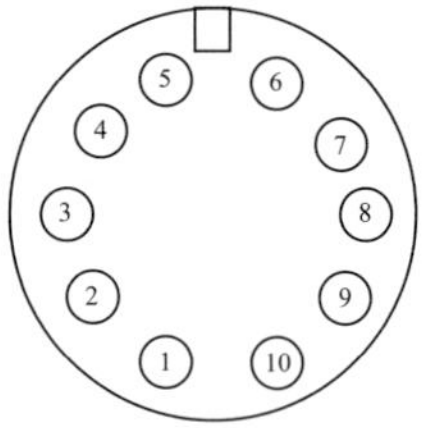

表 B.9　　DTU 电流输入与控制信号端子定义（配套电磁式互感器）

各开关间隔电流采集与控制信号接口引脚定义及接线要求					
引脚号	标记	标记说明	电缆规格	备注	图　示
1	Ia1	A 相保护电流	RVVP1.5mm^2		
2	Ib1	B 相保护电流	RVVP1.5mm^2		
3	Ic1	C 相保护电流	RVVP1.5mm^2		
4	In1	保护相电流公共端	RVVP1.5mm^2		
5	Ias1	A 相计量电流	RVVP1.5mm^2		
6	Ibs1	B 相计量电流	RVVP1.5mm^2		
7	Ics1	C 相计量电流	RVVP1.5mm^2		
8	Ins1	计量相电流公共端	RVVP1.5mm^2		
9	I01	零序电流	RVVP1.5mm^2		
10	I01com	零序电流公共端	RVVP1.5mm^2		
11	HZ＋	合闸输出＋	RVVP1.5mm^2		
12	HZ－	合闸输出－	RVVP1.5mm^2		
13	FZ＋	分闸输出＋	RVVP1.5mm^2		
14	FZ－	分闸输出－	RVVP1.5mm^2		
15	CN＋	储能＋	RVVP1.5mm^2		
16	CN－	储能－	RVVP1.5mm^2		
17	BY1	备用 1	RVVP1.0mm^2		
18	GKW	隔离开关位置	RVVP1.0mm^2	可选	
19	DKW	接地开关位置	RVVP1.0mm^2	可选	
20	DQYBJ	低气压报警	RVVP1.0mm^2	可选	
21	DQYBS	低气压闭锁	RVVP1.0mm^2	可选	
22	WCN	未储能位	RVVP1.0mm^2	可选	
23	YF	远方/当地	RVVP1.0mm^2		
24	HW	合位	RVVP1.0mm^2		
25	FW	分位	RVVP1.0mm^2		
26	YXCOM	遥信公共端	RVVP1.0mm^2		

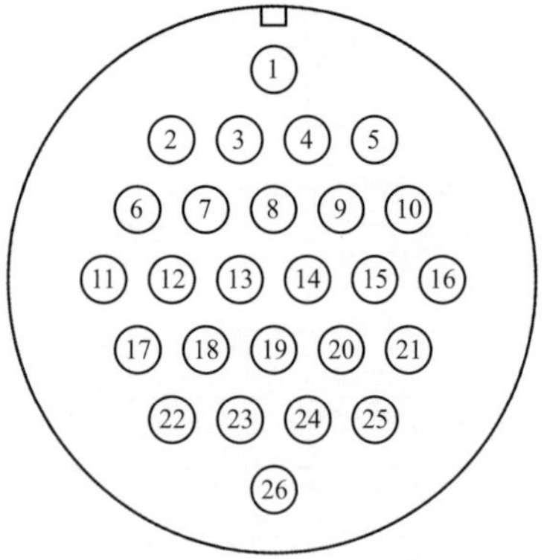

表 B.10 电压/电流传感器配套箱式 FTU 配电线损采集模块接口定义

电流输入接口引脚定义及接线要求

引脚号	标记	标记说明	电缆规格	备注	图示
1	I_a+	A 相电流正	RVVP0.2mm²		5 1 6 4 2 3
2	I_a-	A 相电流负	RVVP0.2mm²		
3	I_b+	B 相电流正	RVVP0.2mm²		
4	I_b-	B 相电流负	RVVP0.2mm²		
5	I_c+	C 相电流正	RVVP0.2mm²		
6	I_c-	C 相电流负	RVVP0.2mm²		

电压输入接口引脚定义及接线要求

引脚号	标记	标记说明	电缆规格	备注	图示
1	U_a+	A 相电压正	RVVP0.2mm²		6 5 1 7 4 2 3
2	U_a-	A 相电压负	RVVP0.2mm²		
3	U_b+	B 相电压正	RVVP0.2mm²		
4	U_b-	B 相电压负	RVVP0.2mm²		
5	U_c+	C 相电压正	RVVP0.2mm²		
6	U_c-	C 相电压负	RVVP0.2mm²		
7				防误插	

通信及电源接口引脚定义及接线要求

引脚号	标记	标记说明	电缆规格	备注	图示
1	V+	DC24V 正	RVVP1.0mm²		4×5.08mm 1 2 3 4 5
2	V−	DC24V 地	RVVP1.0mm²		
3	GND	232GND	RVVP1.0mm²		
4	TX/A	232 发送/485A	RVVP1.0mm²		
5	RX/B	232 接收/485B	RVVP1.0mm²		

脉冲接口引脚定义及接线要求

引脚号	标记	标记说明	电缆规格	备注	图示
1	P	有功脉冲输出	RVVP1.0mm²		3×5.08mm 1 2 3 4
2	Q	无功脉冲输出	RVVP1.0mm²		
3	S	秒脉冲输出	RVVP1.0mm²		
4	G	脉冲输出公共端	RVVP1.0mm²		

表 B.11　　电压/电流传感器配套 DTU 配电线损采集模块接口定义

电流输入接口引脚定义及接线要求

线路 1

引脚号	标记	标记说明	电缆规格	备注	图　示
1	I_a+	A 相电流正	RVVP0.2mm²		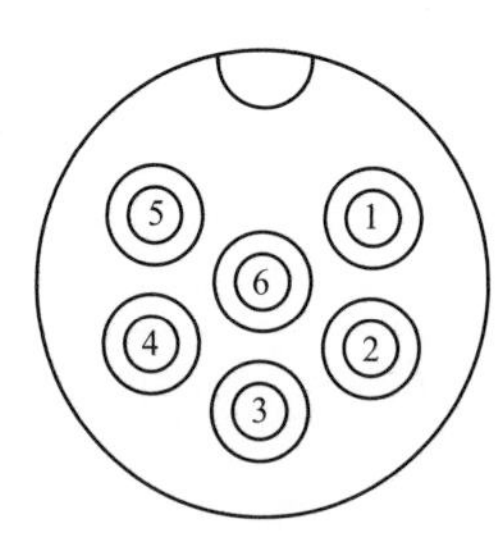
2	I_a−	A 相电流负	RVVP0.2mm²		
3	I_b+	B 相电流正	RVVP0.2mm²		
4	I_b−	B 相电流负	RVVP0.2mm²		
5	I_c+	C 相电流正	RVVP0.2mm²		
6	I_c−	C 相电流负	RVVP0.2mm²		

线路 2、线路 3、……线路 8

电压输入接口引脚定义及接线要求

线路 1

引脚号	标记	标记说明	电缆规格	备注	图　示
1	U_a+	A 相电压正	RVVP0.2mm²		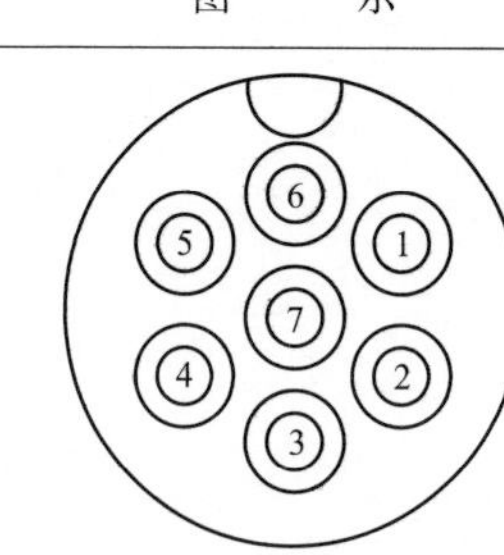
2	U_a−	A 相电压负	RVVP0.2mm²		
3	U_b+	B 相电压正	RVVP0.2mm²		
4	U_b−	B 相电压负	RVVP0.2mm²		
5	U_c+	C 相电压正	RVVP0.2mm²		
6	U_c−	C 相电压负	RVVP0.2mm²		
7				防误插	

线路 2……

通信及电源接口引脚定义及接线要求

引脚号	标记	标记说明	电缆规格	备注	图　示
1	V+	DC24V 正	RVVP1.0mm²		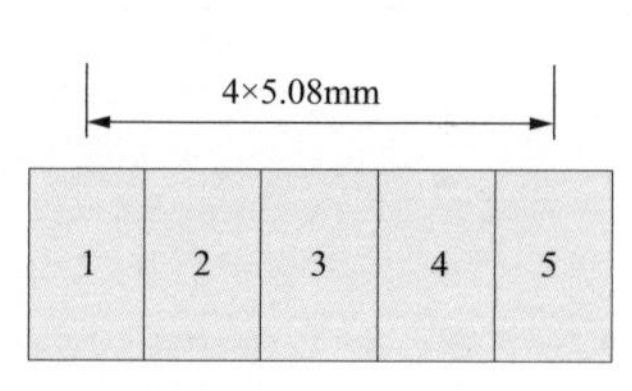
2	V−	DC24V 地	RVVP1.0mm²		
3	GND	232GND	RVVP1.0mm²		
4	TX/A	232 发送/485A	RVVP1.0mm²		
5	RX/B	232 接收/485B	RVVP1.0mm²		

脉冲接口引脚定义及接线要求					
引脚号	标记	标记说明	电缆规格	备注	图　　示
1	YG1	有功脉冲输出 1	RVVP0.2mm²		
2	WG1	无功脉冲输出 1	RVVP0.2mm²		
3	COM1	脉冲输出公共端 1	RVVP0.2mm²		
4	YG2	有功脉冲输出 2	RVVP0.2mm²		
5	WG2	无功脉冲输出 2	RVVP0.2mm²		
6	COM2	脉冲输出公共端 2	RVVP0.2mm²		
7	YG3	有功脉冲输出 3	RVVP0.2mm²		
8	WG3	无功脉冲输出 3	RVVP0.2mm²		
9	COM3	脉冲输出公共端 3	RVVP0.2mm²		
10	YG4	有功脉冲输出 4	RVVP0.2mm²		
11	WG4	无功脉冲输出 4	RVVP0.2mm²		
12	COM4	脉冲输出公共端 4	RVVP0.2mm²		
13	YG5	有功脉冲输出 5	RVVP0.2mm²		
14	WG5	无功脉冲输出 5	RVVP0.2mm²		
15	COM5	脉冲输出公共端 5	RVVP0.2mm²		
16	YG6	有功脉冲输出 6	RVVP0.2mm²		
17	WG6	无功脉冲输出 6	RVVP0.2mm²		
18	COM6	脉冲输出公共端 6	RVVP0.2mm²		
19	YG7	有功脉冲输出 7	RVVP0.2mm²		
20	WG7	无功脉冲输出 7	RVVP0.2mm²		
21	COM7	脉冲输出公共端 7	RVVP0.2mm²		
22	YG8	有功脉冲输出 8	RVVP0.2mm²		
23	WG8	无功脉冲输出 8	RVVP0.2mm²		
24	COM8	脉冲输出公共端 8	RVVP0.2mm²		
25	S	秒脉冲输出	RVVP0.2mm²		

表 B.12　　电磁式互感器配套 DTU 配电线损采集模块接口定义

电流输入接口引脚定义及接线要求

线路 1、2

引脚号	标记	标记说明	电缆规格	备注	图　　示
1	Ia1	线路 1A 相电流	RVVP2.5mm^2		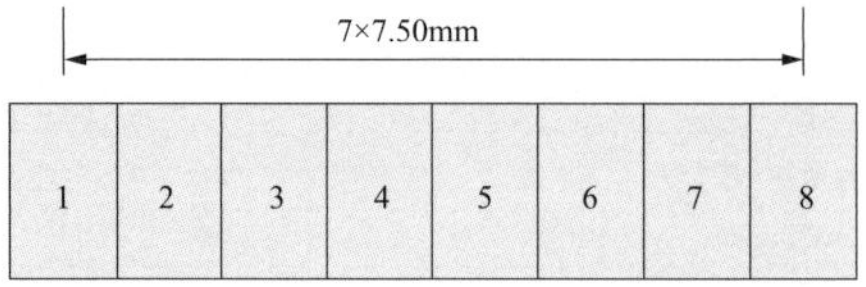 7×7.50mm 1 2 3 4 5 6 7 8
2	Ib1	线路 1B 相电流	RVVP2.5mm^2		
3	Ic1	线路 1C 相电流	RVVP2.5mm^2		
4	In1	线路 1 电流公共端	RVVP2.5mm^2		
5	Ia2	线路 2A 相电流	RVVP2.5mm^2		
6	Ib2	线路 2B 相电流	RVVP2.5mm^2		
7	Ic2	线路 2C 相电流	RVVP2.5mm^2		
8	In2	线路 2 电流公共端	RVVP2.5mm^2		

线路 3～线路 8

电压输入接口引脚定义及接线要求

线路 1

引脚号	标记	标记说明	电缆规格	备注	图　　示
1	Ua	A 相电压	RVVP1.0mm^2		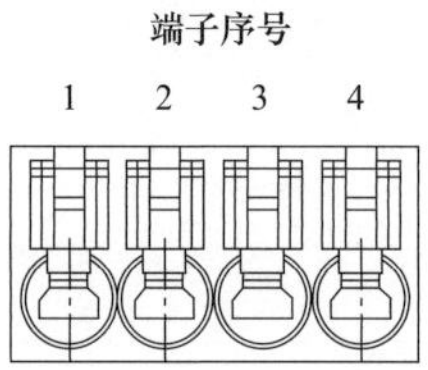 端子序号 1 2 3 4
2	Ub	B 相电压	RVVP1.0mm^2		
3	Uc	C 相电压	RVVP1.0mm^2		
4	Un	电压公共端	RVVP1.0mm^2		

线路 2……

通信及电源接口引脚定义及接线要求

引脚号	标记	标记说明	电缆规格	备注	图　　示
1	V+	DC24V 正	RVVP1.0mm^2		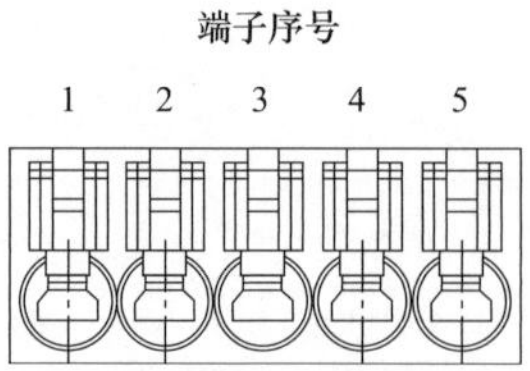 端子序号 1 2 3 4 5
2	V−	DC24V 地	RVVP1.0mm^2		
3	GND	232GND	RVVP1.0mm^2		
4	TX/A	232 发送/485A	RVVP1.0mm^2		
5	RX/B	232 接收/485B	RVVP1.0mm^2		

脉冲接口引脚定义及接线要求					
引脚号	标记	标记说明	电缆规格	备注	图　　示
1	YG1	有功脉冲输出 1	RVVP0.2mm^2		
2	WG1	无功脉冲输出 1	RVVP0.2mm^2		
3	COM1	脉冲输出公共端 1	RVVP0.2mm^2		
4	YG2	有功脉冲输出 2	RVVP0.2mm^2		
5	WG2	无功脉冲输出 2	RVVP0.2mm^2		
6	COM2	脉冲输出公共端 2	RVVP0.2mm^2		
7	YG3	有功脉冲输出 3	RVVP0.2mm^2		
8	WG3	无功脉冲输出 3	RVVP0.2mm^2		
9	COM3	脉冲输出公共端 3	RVVP0.2mm^2		
10	YG4	有功脉冲输出 4	RVVP0.2mm^2		
11	WG4	无功脉冲输出 4	RVVP0.2mm^2		
12	COM4	脉冲输出公共端 4	RVVP0.2mm^2		①②③④⑤⑥⑦⑧⑨⑩⑪⑫⑬ ⑭⑮⑯⑰⑱⑲⑳㉑㉒㉓㉔㉕
13	YG5	有功脉冲输出 5	RVVP0.2mm^2		
14	WG5	无功脉冲输出 5	RVVP0.2mm^2		
15	COM5	脉冲输出公共端 5	RVVP0.2mm^2		
16	YG6	有功脉冲输出 6	RVVP0.2mm^2		
17	WG6	无功脉冲输出 6	RVVP0.2mm^2		
18	COM6	脉冲输出公共端 6	RVVP0.2mm^2		
19	YG7	有功脉冲输出 7	RVVP0.2mm^2		
20	WG7	无功脉冲输出 7	RVVP0.2mm^2		
21	COM7	脉冲输出公共端 7	RVVP0.2mm^2		
22	YG8	有功脉冲输出 8	RVVP0.2mm^2		
23	WG8	无功脉冲输出 8	RVVP0.2mm^2		
24	COM8	脉冲输出公共端 8	RVVP0.2mm^2		
25	S	秒脉冲输出	RVVP0.2mm^2		

附录C　一二次融合成套柱上开关及环网箱一体化专业检测大纲

一二次融合成套柱上断路器/负荷开关一体化专业检测项目及要求见表C.1。

表C.1　一二次融合成套柱上断路器/负荷开关一体化专业检测项目及要求

序号	试验项目		检测要求
1	结构及配置	分段/联络断路器成套装置	(1) 组成：断路器、控制单元、电源TV、航插（26芯）及电缆。 (2) 开关内置1组电压传感器，提供U_a、U_b、U_c、U_0电压信号和零序电压信号；内置1组电流传感器，提供I_a、I_b、I_c、I_0电流信号，并外置2台电源TV安装在开关两侧，线路有压信号取自电源TV。 (3) 电压/电流传感器选用： 1) 应能采集三相电流、电压及零序电流、电压。 2) 电压/电流传感器应为无源、模拟小信号输出。 3) 相/零序电压及电流传感器的极性应与开关电源侧标识保持一致，从电源侧指向负荷侧为正方向。 4) 电压互感器负载阻抗应大于5MΩ
		分界断路器成套装置	(1) 组成：断路器、控制单元、电源TV、航插（26芯）及电缆。 (2) 开关至少内置A、C相电流传感器和零序电流传感器，满足相电流和零序电流应用要求，外置1台电源TV安装在电源侧。 (3) 电压/电流传感器选用： 1) 应能采集三相电流、电压及零序电流、电压。 2) 电压/电流传感器应为无源、模拟小信号输出。 3) 相/零序电压及电流传感器的极性应与开关电源侧标识保持一致，从电源侧指向负荷侧为正方向。 4) 电压传感器负载阻抗应大于5MΩ

续表

序号	试验项目		检测要求
1	结构及配置	分段/联络负荷开关成套装置	(1) 组成：负荷开关、控制单元、电源TV、航插式连接电缆。 (2) 开关采用内置1组电压传感器，提供U_a、U_b、U_c、U_0电压信号和零序电压信号，内置1组电流传感器，提供I_a、I_b、I_c、I_0电流信号，并外置2台电源TV。 (3) 电压/电流传感器选用： 1) 电流传感器采用LPTA线圈原理。 2) 电压传感器负载阻抗应大于5MΩ
		分界负荷开关成套装置	(1) 组成：负荷开关、控制单元、电源TV、航插式连接电缆。 (2) 开关至少内置A、C相电流传感器和零序电流传感器，满足相电流和零序电流应用要求。外置（或内置）1台电源TV安装在电源侧。 (3) 电压/电流传感器选用： 1) 电流传感器采用LPTA线圈原理。 2) 电压传感器负载阻抗应大于5MΩ
		馈线终端	(1) 组成：核心单元、配电线损采集模块、电源模块、后备电源等。 (2) 配电线损采集模块内置于终端中，采用航空插头的方式将用于计量的电压电流信号接入配电线损采集模块中，支持热插拔。 (3) 后备电源额定电压DC24V。 (4) 具备串行口和网络通信接口
		一二次接口配置	(1) 馈线终端配置1只14芯航空插座、1只10芯航空插座和1只4芯航空插座。 (2) 10芯航空插座用于传输储能、分合闸控制和断路器状态信号。 (3) 14芯航空插座用于传输电流、电压互感器信号。 (4) 4芯航空插座用于传输电源电压互感器的电压信号。 (5) 航空接插件插头、插座采用螺纹连接锁紧

续表

序号	试验项目		检测要求
1	结构及配置	航插、电缆及控制线路板密封要求	（1）航空插头及电缆应采用全密封防水结构，焊线侧需用绝缘材料进行密封处理。 （2）控制线路板应采用密封材料对金属导体进行密封；终端线路板、连接件外露针需做三防绝缘处理（三防漆，绝缘漆，硅橡胶灌封）
2	外观检查		（1）壳体上应有位于在地面易观察的、明显的分、合闸位置指示器，指示器与操作机构可靠连接，指示动作应可靠。 （2）应采用直径不小于12mm的防锈接地螺钉，接地点应标有接地符号。 （3）壳体表面不应有可存水的凹坑。 （4）壳体应设置必要的搬运把手，避免拽拉出线套管。 （5）供起吊用的吊环位置，应使悬吊中的开关设备保持水平，吊链与任何部件之间不得有摩擦接触，避免在吊装过程中划伤箱体表面喷涂层。 （6）铭牌能耐风雨、耐腐蚀、保证使用过程中清晰可见，铭牌内容符合国家相关标准要求。 （7）操动机构应能够进行电动或手动储能合闸、分闸操作
3	绝缘电阻试验	断路器/负荷开关	整机做绝缘试验，相对地和相间绝缘电阻值应大于25MΩ
		馈线终端	（1）额定绝缘电压 U_i≤60V，绝缘电阻≥5MΩ（用250V兆欧表）。 （2）额定绝缘电压 U_i＞60V，绝缘电阻≥5MΩ（用500V兆欧表）。 （备注：对于模拟小信号回路不做绝缘电阻试验。）
4	绝缘强度试验		（1）额定绝缘电压 U_i≤60V时，施加500V。 （2）额定绝缘电压60V＜U_i≤125V时，施加1000V。 （3）额定绝缘电压125V＜U_i≤250V时，施加2500V。 试验时无击穿、无闪络现象。 （4）被试回路为： 1）电源回路对地。 2）控制输出回路对地。 3）状态输入回路对地。 4）交流工频电流输入回路对地。 5）交流工频电压输入回路对地。 6）交流工频电流输入回路与交流工频电压输入回路之间。 （备注：对于模拟小信号回路不做绝缘强度试验）

续表

序号	试验项目		检测要求
5	工频电压试验		整机的相对地、相间和断口间应分别经受42kV、48kV的工频耐压电压试验，试验过程中不应发生破坏性放电
6	冲击电压试验		（1）额定电压大于60V时，应施加5kV试验电压。 （2）额定电压不大于60V时，应施加1kV试验电压。 （3）交流工频电量输入回路应施加5kV试验电压。 施加1.2/50μs冲击波形，三个正脉冲和三个负脉冲，施加间隔不小于5s。试验时无击穿、无闪络现象。试验后交流工频电量基本误差应满足等级指标要求。 （4）被试回路： 1）电源回路对地。 2）控制输出回路对地。 3）状态输入回路对地。 4）交流工频电流输入回路对地。 5）交流工频电压输入回路对地。 6）交流工频电流输入回路与交流工频电压输入回路之间。 （备注：对于模拟小信号回路不做冲击电压试验）
7	准确度试验	互感器准确度试验	（1）相电压传感器准确度等级为0.5级。 （2）相电流传感器准确度等级：保护5P10级、计量0.5S。 （3）零序电压传感器准确度等级为1级。 （4）零序电流传感器准确度等级：＜1%（1%～120% In），保护10P10
		馈线终端准确度试验	（1）三相电压准确度等级为0.5级（≤1.2In），相保护值≤3%（≤10In）。 （2）三相电流准确度等级为0.5级。 （3）零序电压准确度等级为1级。 （4）零序电流准确度等级为0.5级。 （5）有功功率准确度等级为1级。 （6）无功功率准确度等级为1级
		配电线损采集模块准确度试验	（1）有功电量计算准确度等级为0.5S级。 （2）无功电量计算准确度等级为2级
		一体化准确度试验	提供三相电压、三相电流、零序电压、零序电流测量基本误差

续表

序号	试验项目	检测要求
8	配套电源带载能力试验	配套电源应能独立满足配电终端、配套通信模块、开关电动操作机构同时运行的要求。 （1）配套弹操机构开关设备的操作电源分/合闸/储能额定电源DC24V，短时输出≥24V/10A、持续时间≥15s。 （2）配套永磁机构开关设备的操作电源分/合闸/储能额定电源DC220V或DC110V。 （3）配套电磁机构开关设备的操作电源合闸额定电源AC220V，短时输出≥3000VA/1s。 （4）用于配电终端的配电线损采集模块电源采用DC24V。直流24V供电，支持DC18V～DC36V宽范围输入。 （5）通信电源要求：额定DC24V，长期稳定输出≥15W，瞬时输出≥20W/50ms
9	后备电源带载能力试验	后备电源额定电压DC24V。 （1）“三遥”终端： 蓄电池：应保证完成分-合-分操作并维持配电终端及通信模块（如配置）至少运行4h。 超级电容：应保证分闸操作并维持配电终端及通信模块（如配置）至少运行15min。 （2）“二遥”终端： 蓄电池：应保证维持配电终端及通信模块至少运行30min。 超级电容：应保证维持配电终端及通信模块至少运行2min
10	功耗试验	（1）“三遥”终端、“二遥”终端整机功耗不大于35VA（含配电线损采集模块，不含通信模块、后备电源）。 （2）核心单元正常运行直流功耗不大于10W（不含通信模块和电源管理模块）。 （3）配套终端使用的配电线损采集模块整机功耗不大于2W

续表

序号	试验项目		检测要求
11	基本功能试验	馈线终端基本功能试验	（1）具备终端运行参数的当地及远方调阅与配置功能，配置参数包括零漂、变化阈值（死区）、重过载报警限值、短路及接地故障动作参数等。 （2）具备装置箱体内部温度采集与上传功能。 （3）配备后备电源，当主电源供电不足或消失时，能自动无缝投入。 （4）具备双位置遥信处理功能，支持遥信变位优先传送。 （5）具备电压越限、负荷越限等告警上送功能。 （6）具备后备电源自动充放电管理功能；蓄电池作为后备电源时，应具备定时、手动、远方活化功能，低电压报警和保护功能，报警信号上传主站功能。 （7）具备故障指示手动复归、自动复归和主站远程复归功能，能根据设定时间或线路恢复正常供电后自动复归，也能根据故障性质（瞬时性或永久性）自动选择复归方式
		对时试验	（1）支撑SNTP等对时方式，接收主站或其他时间同步装置的对时命令，与系统时钟保持同步。 （2）守时精度每24h误差应小于2s
		一体化基本功能试验	（1）具备就地/远方切换开关和各控制回路独立的出口硬压板，支持控制出口软压板功能。 （2）具备双位置遥信处理功能，支持遥信变位优先传送。 （3）具备双路电源输入和自动无缝切换功能。 （4）具备线路有压鉴别功能。 （5）具备采集三相电流、三相电压、零序电流、零序电压的能力，满足计算有功功率、无功功率，功率因素、频率和电能量的功能。 （6）开关应具备掉电位置信号保持功能，在掉电重启后应保持掉电前的正常位置信号
12	传动功能试验	遥控功能试验	（1）遥控分合闸试验； （2）遥控闭锁分合闸试验； （3）遥控操作记录检查
		遥信功能试验	（1）分合闸位置状态遥信试验； （2）电源状态遥信试验； （3）闭锁位置遥信试验； （4）远方/就地状态遥信试验； （5）储能状态遥信试验

续表

序号	试验项目		检测要求
13	故障检测与处理功能试验	参数配置功能试验	应可配置运行参数、控制逻辑、重合闸次数及时间
		接地故障试验	应能实现单相接地故障处理，可直接跳闸切除故障
		短路故障试验	应能实现相间短路故障处理功能，可直接跳闸切除故障
		重合闸功能试验	应具备自动重合闸功能，重合闸次数及时间可调
		非遮断保护功能试验	具备非遮断保护功能确保负荷开关不分断大电流
		故障切除时间试验	测量开关从故障发生到故障完整切除时间小于 100ms
		故障录波功能试验	具备故障录波功能，支持录波数据循环存储至少 64 条，并支持上传至主站；录波内容应包含故障发生时刻前不少于 4 个周波和故障发生时刻后不少于 8 个周波的波形数据，录波点数为不少于 80 点/周波，录波数据应包含电压、电流、开关位置
14	防抖动功能试验	开关遥信位置动作正确性试验	开关分合闸操作 10 次，开关位置信号应能正确上传无误报
		误遥信过滤功能试验	终端应采取防抖动措施，过滤误遥信，防抖时间为 10～1000ms
15	馈线自动化功能试验	线路有压信号检测	线路有压信号应取自电源 TV，可正确判断线路有压/无压信号
		来电合闸试验	具备首端和非首端开关相间故障、接地故障的自适应延时来电合闸功能
		无压分闸试验	具备自适应无压分闸功能
		单相接地故障选线跳闸试验	具备单相接地故障选线跳闸功能，首端开关根据单相接地特征量进行接地选线，判断为本线路接地故障后，经单相接地选线跳闸延时跳闸

续表

序号	试验项目		检测要求
15	馈线自动化功能试验	相间故障正向闭锁试验	具备相间故障正向闭锁合闸功能，若开关合闸之后在设定时间内失压且无流，则自动分闸并闭锁合闸，正向送电开关不关合
		相间故障反向闭锁试验	具备相间故障反向闭锁合闸功能，若开关合闸之前在设定时间内掉电或出现瞬时残压，之后无压无流，则反向闭锁合闸，反向送电开关不关合
		单相接地故障正向闭锁试验	具备接地故障正向闭锁功能，若开关合闸之后在设定时间内出现零序电压从无到有的突变，则自动分闸并闭锁合闸，正向送电开关不关合
		单相接地故障反向闭锁试验	具备接地故障反向闭锁功能，若开关合闸之前在设定时间内出现零序电压从无到有的突变，则反向闭锁合闸，反向送电开关不关合
16	静电放电抗扰度试验		（1）试验级别：4。 （2）接触放电：±8kV。 （3）空气放电：±15kV。 （4）交流工频电量的误差改变量应不大于等级指数的 200%
17	电快速瞬变脉冲群抗扰度试验		（1）试验级别：4。 （2）信号输入输出回路、控制回路：共模试验值 2.0KVP；模拟小信号输入采用容性耦合夹施加干扰：共模试验值 2.0KVP；电源回路：共模试验值 4.0KVP。 （3）交流工频电量的误差改变量应不大于等级指数的 200%
18	振荡波抗扰度试验		（1）试验级别：4。 （2）信号输入、控制回路和电源回路：共模试验值 2.5KVP。 （3）交流工频电量的误差改变量应不大于等级指数的 200%
19	浪涌抗扰度试验		（1）试验级别：4。 （2）信号输入、控制回路和电源回路：共模试验值 4.0KVP。 （3）交流工频电量的误差改变量应不大于等级指数的 200%

一二次融合成套环网箱一体化专业检测项目及要求见表 C.2。

表 C.2　　一二次融合成套环网箱一体化专业检测项目及要求

序号	试验项目		检测要求
1	结构及配置	环网柜	(1) 负荷开关单元：由负荷/接地开关、避雷器、电流互感器、带电显示器组成。 (2) 断路器单元：由断路器、隔离/接地开关、避雷器、电流互感器、带电显示器组成。 (3) 母线设备单元：由负荷开关或隔离开关、熔断器、避雷器、电压互感器、带电显示器组成。 (4) 采用独立的 TV 间隔，电压/电流互感器采用如下两种配置方案： 1) 电压/电流传感器：进出线开关间隔配置 1 套电流传感器，提供三相序电流信号和零序电流信号；母线 TV 间隔配置 1 套电磁式单相 TV 互感器，提供供电电源；配置 1 套电压传感器，提供三相序电压信号和零序电压信号。 2) 电磁式互感器：进出线开关间隔配置 3 支电磁式电流互感器，提供三相序电流信号，提供计量和保护/测量双绕组；配置 1 支电磁式电流互感器，提供零序电流信号；母线 TV 间隔配置 1 支电磁式电压互感器，提供供电电源、三相序电压信号和零序电压信号。 3) 所有相/零序互感器的极性保持一致，从母线指向线路为正方向。 4) 电压传感器负载阻抗应大于 5MΩ
		站所终端	(1) 组成：核心单元、配电线损采集模块、电源模块、后备电源等。 (2) 配电线损采集模块内置于终端中，采用航空插头的方式将用于计量的电压电流信号接入配电线损采集模块中，支持热插拔。 (3) 后备电源额定电压 DC48V。 (4) 具备串行口和网络通信接口
		一二次接口配置	(1) 采用电压/电流传感器： 1) TV 柜的接口：供电 TV (母线取电) 输出，1 根电缆，1 个 4 芯航空插头；相/零序电压互感器 (母线采集) 输出，1 根电缆，1 个 10 芯航空插头。 2) 开关单元的接口：各间隔相/零序电流互感器输出、控制输入与信号接点输出，1 根电缆，1 个 26 芯航空插头。 3) 站所终端的接口：供电 TV 输入，1 个航空插头，4 芯；相/零序电压互感器输入，1 个航空插头，10 芯；各间隔相/零序电流互感器输入、控制输出与信号接点输入，1 个 26 芯航空插头。 (2) 采用电磁式互感器： 1) TV 柜的接口：供电 TV (母线取电) 输出，1 根电缆，1 个 4 芯航空插头；相/零序电压互感器 (母线采集) 输出，1 根电缆，1 个 10 芯航空插头。 2) 开关单元的接口：各间隔电流互感器 (保护测量、零序电流、计量) 输出、控制输入与信号接点输出，1 根电缆，1 个 26 芯航空插头。 3) 站所终端的接口：供电 TV (母线取电) 输入，1 根电缆，1 个 4 芯航空插头；相/零序电压互感器 (母线采集) 输入，1 根电缆，1 个 10 芯航空插头；各间隔电流互感器 (保护/测量、零序电流、计量) 输入、控制输出与信号接点输入，1 根电缆，1 个 26 芯航空插头
		航插、电缆及控制线路板密封要求	航空插头及电缆应采用全密封防水结构，焊线侧需用绝缘材料进行密封处理；控制线路板应采用密封材料对金属导体进行密封
2	外观检查		(1) 环网柜应配置带电显示器 (带二次核相孔、按回路配置)。 (2) 环网柜设备的泄压通道应设置明显的警示标志。 环网单元前门应有清晰明显的主接线示意图，并注明操作程序和注意事项。 (3) 采用 SF_6 气体绝缘的环网单元每个独立的 SF_6 气室应配置气体压力指示装置。采用 SF_6 气体作为灭弧介质的环网单元应装设 SF_6 气体监测设备 (包括密度继电器、压力表)，且该设备应设有阀门，以便在不拆卸的情况下进行校验。SF_6 气体压力监测装置应配置状态信号输出接点。 (4) 环网柜应装设负荷开关、断路器远方和就地操作切换把手，应具备就地分合闸操作功能，并提供断路器、负荷开关、接地开关分合闸状态的就地指示及遥信接点。 (5) 环网柜相序按面对环网柜从左至右排列为 A、B、C，从上到下排列为 A、B、C，从后到前排列为 A、B、C。 (6) 柜内进出线处应设置电缆固定辅件
3	绝缘电阻试验	环网柜	整机做绝缘试验，相对地和相间绝缘电阻值应大于 25MΩ
		站所终端	(1) 额定绝缘电压 $U_i \leqslant 60V$，绝缘电阻 ≥5MΩ (用 250V 兆欧表)。 (2) 额定绝缘电压 $U_i > 60V$，绝缘电阻 ≥5MΩ (用 500V 兆欧表)。 (备注：对于模拟小信号回路不做绝缘电阻试验)

续表

序号	试验项目		检测要求
4	绝缘强度试验		（1）额定绝缘电压 $U_i \leqslant 60$V 时，施加 500V。 （2）额定绝缘电压 60V<$U_i \leqslant 125$V 时，施加 1000V。 （3）额定绝缘电压 125V<$U_i \leqslant 250$V 时，施加 2500V。 试验时无击穿、无闪络现象。 （4）被试回路为： 1）电源回路对地。 2）控制输出回路对地。 3）状态输入回路对地。 4）交流工频电流输入回路对地。 5）交流工频电压输入回路对地。 6）交流工频电流输入回路与交流工频电压输入回路之间。 （备注：对于模拟小信号回路不做绝缘强度试验）
5	工频电压试验		整机的相对地、相间和断口间应分别经受 42kV、48kV 的工频耐压电压试验，试验过程中不应发生破坏性放电
6	冲击电压试验		（1）额定电压大于 60V 时，应施加 5kV 试验电压。 （2）额定电压不大于 60V 时，应施加 1kV 试验电压。 （3）交流工频电量输入回路应施加 5kV 试验电压。 施加 1.2/50μs 冲击波形，三个正脉冲和三个负脉冲，施加间隔不小于 5s。试验时无击穿、无闪络现象。试验后交流工频电量基本误差应满足等级指标要求。 （4）被试回路： 1）电源回路对地。 2）控制输出回路对地。 3）状态输入回路对地。 4）交流工频电流输入回路对地。 5）交流工频电压输入回路对地。 6）交流工频电流输入回路与交流工频电压输入回路之间。 （备注：对于模拟小信号回路不做冲击电压试验。）
7	准确度试验	互感器准确度试验	（1）相电压传感器准确度等级为 0.5 级。 （2）相电流传感器准确度等级：保护 5P10 级、计量 0.5S。 （3）零序电压传感器准确度等级为 1 级。 （4）零序电流传感器准确度等级：<1%（1%～120% In），保护 10P10。 （5）电磁式相电压互感器准确度为 0.5 级。 （6）电磁式相电流互感器准确度为：测量/保护绕组 5P10 级；计量绕组 0.5S。 （7）电磁式零序电压互感器准确度为 3 级。 （8）电磁式零序电流互感器准确度为保护 1 级

续表

序号	试验项目		检测要求
7	准确度试验	馈线自动化终端准确度试验	（1）三相电压准确度等级为 0.5 级（≤1.2In），相保护值≤3%（≤10In）。 （2）三相电流准确度等级为 0.5 级。 （3）零序电压准确度等级为 1 级。 （4）零序电流准确度等级为 0.5 级。 （5）有功功率准确度等级为 1 级。 （6）无功功率准确度等级为 1 级
		配电线损采集模块准确度试验	（1）有功电量计算准确度等级为 0.5S 级。 （2）无功电量计算准确度等级为 2 级
		一体化准确度试验	提供三相电压、三相电流、零序电压、零序电流测量基本误差
8	配套电源带载能力试验		配套电源应能独立满足配电终端、配套通信模块、开关电动操动机构同时运行的要求。 （1）配套操作机构电源要求额定 DC48V，瞬时输出≥ 48V/8A，持续时间≥15s。 （2）通信电源要求额定 DC24V，稳态负载能力≥24V/15W，瞬时输出≥24V/20W，持续时间≥50ms。 （3）电源管理模块长期稳定输出≥80W，瞬时输出≥500W，持续时间≥15s。 （4）配电线损采集模块配套电源采用 DC48V 供电，支持 DC36V～DC72V 宽范围输入
9	后备电源带载能力试验		后备电源额定电压 DC48V。 （1）蓄电池：应保证完成分一合一分操作并维持配电终端及通信模块（如配置）至少运行 4h。 （2）超级电容：应保证分闸操作并维持配电终端及通信模块（如配置）至少运行 15min
10	功耗试验		（1）核心单元正常运行直流功耗不大于 20W（不含通信模块电源、配电线损采集模块、电源管理模块）。 （2）整机功耗不大于 50VA（含配电线损采集模块，不含通信模块、后备电源）。 （3）配电线损采集模块整机功耗不大于 10W

续表

序号	试验项目		检测要求
11	基本功能试验	站所自动化终端基本功能试验	(1) 具备就地采集至少4路开关的模拟量和状态量以及控制开关分合闸功能，具备测量数据、状态数据的远传，可实现监控开关数量的灵活扩展；“三遥”终端具备远方控制功能，“二遥”在满足信息安全条件时，不改变硬件设备，可扩展远方控制功能。 (2) 具备对遥测死区范围、遥信防抖系数远方及就地设置功能。 (3) 具备当地及远方设定定值功能。 (4) 具备短路故障检测与判别功能、接地故障检测功能；当配合断路器使用时，具备短路故障直接切除功能；当配合负荷开关使用时，结合变电站出线开关动作，实现短路故障的有效隔离；支持短路/接地故障事件上送。 (5) 具备故障指示手动复归、自动复归和主站远程复归功能，能根据设定时间或线路恢复正常供电后自动复归，也能根据故障性质（瞬时性或永久性）自动选择复归方式。 (6) 具备电压越限、负荷越限等告警上送功能。 (7) 具备后备电源自动充放电管理功能；免维护阀控铅酸蓄电池作为后备电源时，应具备定时、手动、远方活化功能，低电压报警和保护功能，报警信号上传主站功能
		对时试验	(1) 支撑SNTP等对时方式，接收主站或其他时间同步装置的对时命令，与系统时钟保持同步。 (2) 守时精度每24h误差应小于2s
		一体化基本功能试验	(1) 具备就地/远方切换开关和各控制回路独立的出口硬压板，支持控制出口软压板功能。 (2) 具备双位置遥信处理功能，支持遥信变位优先传送。 (3) 具备双路电源输入和自动无缝切换功能。 (4) 具备线路有压鉴别功能。 (5) 具备采集三相电流、三相电压、零序电流、零序电压的能力，满足计算有功功率、无功功率，功率因素、频率和计量电能量的功能。 (6) 开关应具备掉电位置信号保持功能，在掉电重启后应保持掉电前的正常位置信号

续表

序号	试验项目		检测要求
12	传动功能试验	遥控功能试验	(1) 遥控分合闸试验； (2) 遥控闭锁分合闸试验； (3) 遥控操作记录检查
		遥信功能试验	(1) 分合闸位置状态遥信试验； (2) 电源状态遥信试验； (3) 闭锁位置遥信试验； (4) 远方/就地状态遥信试验； (5) 储能状态遥信试验
13	故障检测与处理	参数配置功能试验	应可配置运行参数、控制逻辑
		接地故障试验	应能实现单相接地故障处理，可直接跳闸切除故障
		短路故障试验	应能实现相间短路故障处理功能，可直接跳闸切除故障
		非遮断保护功能试验	具备非遮断保护功能确保负荷开关不分断大电流
		故障切除时间试验	测量开关从故障发生到故障完整切除时间小于100ms
		故障录波功能试验	具备故障录波功能，录波数据循环存储至少64条，并支持上传至主站；录波内容应包含故障发生时刻前不少于4个周波和故障发生时刻后不少于8个周波的波形数据，录波点数为不少于80点/周波，录波数据应包含电压、电流、开关位置。站所终端需满足至少2个回路的录波
14	防抖动功能试验	开关遥信位置动作正确性试验	开关分合闸操作10次，开关位置信号应能正确上传无误报
		误遥信过滤功能试验	终端应采取防抖动措施，过滤误遥信，防抖时间为10～1000ms

续表

序号	试验项目	检测要求
15	静电放电抗扰度试验	（1）试验级别：4。 （2）接触放电：±8kV。 （3）空气放电：±15kV。 （4）交流工频电量的误差改变量应不大于等级指数的200%
16	电快速瞬变脉冲群抗扰度试验	（1）试验级别：4。 （2）信号输入输出回路、控制回路：共模试验值2.0KVP；模拟小信号输入采用容性耦合夹施加干扰：共模试验值2.0KVP；电源回路：共模试验值4.0KVP。 （3）交流工频电量的误差改变量应不大于等级指数的200%

续表

序号	试验项目	检测要求
17	振荡波抗扰度试验	（1）试验级别：4。 （2）信号输入、控制回路和电源回路：共模试验值2.5KVP。 （3）交流工频电量的误差改变量应不大于等级指数的200%
18	浪涌抗扰度试验	（1）试验级别：4。 （2）信号输入、控制回路和电源回路：共模试验值4.0KVP。 （3）交流工频电量的误差改变量应不大于等级指数的200%